뇌 우주 탐험

뇌 과학이 처음인 당신에게

뇌 우주 탐험

뇌 과학이 처음인 당신에게

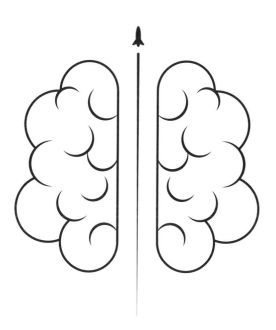

노성열

이음

이 책은 방일영 문화재단의 지원을 받아 연구·저술되었습니다.

노성열

문화일보에서 과학기술정보통신부를 담당하는 과학 전문기자로
매주 1회 사이언스 면面을 만들고 있다. 29년간 언론계에 몸담으면서
법조·지방자치 등 다양한 출입처를 경험했으나, 경제부 산업팀에서
가장 오래, 20년 이상 일했다. 섬유에서 반도체·통신까지 거의 모든
산업 분야를 취재하다가 기업의 경쟁력인 첨단 기술은 과학에 뿌리를
박고 있다는 사실을 깨달으며 과학기자의 길로 들어섰다.

2016년 알파고 쇼크 이후 인공지능AI에 초점을 맞춰 꾸준히
관련 기사와 칼럼을 써왔다. 법률·의료·금융 등 AI가 진출한
국내외 현장을 6개월간 취재해 연재한 '인공지능 최전선' 시리즈가
한국언론진흥재단의 기획취재 지원 대상으로 선정됐다. 이어
인공지능의 원본인 자연지능, 즉 뇌에 주목해 다시 6개월간 연재한
'뇌 과학' 시리즈도 한국과학기자협회의 '올해의 의과학 취재상'
과학 부문을 수상했다. AI의 컴퓨터공학·뇌 과학 원리 자체보다
그것을 현실 사회에 접목했을 때 발생하는 순기능과 역기능을
파헤치는 데 더 관심이 많다. 스스로 '인공지능 사회학'으로 이름 붙인
AI 실업, 편향과 양극화, 윤리 등의 문제를 연구해 세 권의 책으로
정리하는 작업에 열중하고 있다. 이 책은 인공지능 3부작 중
두 번째에 해당한다.

네이버 블로그 blog.naver.com/neutrino2020
페이스북 www.facebook.com/nokija111
개인 유튜브 '놀란과학'
팀 유튜브 '싸이콜라'

차례

추천의 말

뇌 과학은 신경과학 등 생물학 전공자들만이 다루는 학문에서 마음의 과학으로, 인지과학 분야에서는 철학·심리학·법학 등 인문사회학을 비롯해 공학적 응용과 인공지능AI까지 아우르는 통합적인 학문 영역으로 확산되고 있다. 그래서 뇌 과학은 과거의 단편적 이해 수준을 벗어나 오랜 과학적 지식과 경험을 토대로 통합적 사고와 미래 전망에 대한 통찰력이 가장 필요한 분야로 손꼽히고 있다.

저자는 30여 년간 과학 저널리스트 겸 과학 커뮤니케이터로 활동하면서 축적한 본인만의 노하우를 발휘하여 일반인들이 누구나 궁금해하고 공감하는 실증적 사례를 제시함과 동시에, 미래에 대한 상상력을 발휘할 수 있도록 지식을 풀어낸 실사구시實事求是의 뇌 과학 서적을 집필하였다. 한 줄 한 줄 글을 읽으며 저자가 얼마나 많은 논문과 참고서적을 읽었는지, 그리고 국내외 다수의 전문가들과 토론하며 얻은 성과를 저자만의 독특한 창의력과 상상력을 바탕으로 창작하였는지, 또 글 쓰는 기쁨과 함께 매일 불면의 고통을 견뎠는지 새삼 느껴진다.

거시적 뇌에서부터 미시적 신경세포의 구석구석에 이르기까지 마치 구글 어스로 보는 네비게이션처럼 뇌 지도를 통한 '공간여행'을, 또 태아부터 노년기까지 우리 뇌의 발달-성장-노화-퇴화를 따라가는 '시간여행'을, 그리고 기초 뇌 과학부터 뇌 의과학, 뇌 공학과 AI 같은 '미래과학 여행'까지 x-y-z 축의 3차원으로 뇌에 관한 첨단 지식을 안내했다. 이와 동시에 우리 일상에서 일어날 수 있는 법률적, 사회적 문제까지 저자는 포괄적이고 융합적인 뇌 과학을 소개하고 있다.

책을 펼치는 순간 머릿속에 그림이 그려질 만큼 뇌에 대해 역동적이고 세밀하게 표현돼 있어 과학의 대중화에 관심이 있는 뇌 과학자뿐 아니라 다양한 분야의 과학자들도 참고할 만한 과학 대중서라 할 수 있겠다. 우주 생성의 신비를 밝히는 중성미자(뉴트리노)처럼, 우리에겐 '뉴트리노(저자의 필명)'가 뇌 우주를 탐험할 때 안내자로서 역할을 충분히 해줄 것으로 기대된다. 이 책으로 아직은 미지의 세계인 뇌 우주의 신비를 설레는 마음으로 경험하게 되길 바란다.

정성진, 세계뇌신경과학총회 사무총장 (한국뇌연구원 책임연구원)

들어가며

뇌 우주 탐험

뇌는 작은 우주이다. '소우주小宇宙'라는 표현은 뇌 과학 교과서에도 자주 등장하는 비유다.

우주의 속성은 무엇일까. 첫째, 크다는 것이다. 천문학을 비롯한 인접 과학이 깨달은 우주의 크기는 자꾸만 커져간다. 우리가 사는 지구의 태양계에서 우리 은하계로, 우리 우주로, 평행 우주로 무한히 뻗어간다. 그 시작과 끝을 알고 싶어하는 지적 도전과 호기심을 강하게 부추긴다. 둘째, 아직 잘 모른다는 것이다. 미스터리투성이다. 현대 과학은 우리가 아는 물질에 근거한 우주는 5퍼센트 밖에 안 되고, 나머지는 모르는dark 물질과 에너지로 채워져 있다고 본다. 인간이 파악한 우주는 아직 수박의 초록색 껍질에 불과하다는 얘기다. 검은 씨앗과 붉은 과육은커녕 아직 껍질의 안쪽 흰 부분도 맛보지 못했다. 아무도 가본 적 없는 미지의 세계, 그것이 우주이다. 셋째, 신비하다는 것이다. 아는 게 적으니 대부분의 사건이 첫 발견이다. 깜짝깜짝 놀란다. 과학자들조차 초신성, 블랙홀, 시공간의 왜곡을 처음에는 믿지 못했다. 하나하나 증거가 쌓여가면서 이 새로운 발견들은 사람들의 인식을 영원히 바꿔버렸다. 새 현상을 설명하기 위한 새 이론이 나올 때마다 인류의 지식과 세계관은 조금씩 더 확장돼갔다.

1.4킬로그램, 야구공보다 조금 더 크고 무거운 회색의 젤리 덩어리. 이것이 우리의 뇌다. 인간의 뇌가 들어 있는 곳은 두개골이라는, 빛도 통하지 않는 좁은 방이지만 뇌의 면적은 엄청나게 넓다. 무슨 말인고 하니, '뉴런'이라 불리는 약 860억 개의 신경세포가 각각 천 개~1만 개가량의 가지를 뻗어 다른 뉴런과 최소 86조 개의 교차로, 시냅스를 만든다. 뉴런의 표면 면적을 모두 합치면 축구장 3배 크기$(250,000\mu m^2)$[1]에 달한다. 이런 물리적 네트워크 위에서 오가는 신호의 양과 다양성은 최신형 슈퍼컴퓨터, 아니 미래의

퀀텀 컴퓨터를 몽땅 동원해도 해독하지 못할 만큼 복잡하다. 뇌를 연구하는 학문은 의학에서 출발해 인지認知 뇌 과학, 뇌 공학으로 분화하며 지식의 총량도 늘어나고 있다. 아니, 폭발하고 있다. 최근 30년 동안 알게 된 뇌 지식이 지난 300년간 축적된 양보다 더 많을 정도다. fMRI[2] 같은 첨단 영상 기기와 인공지능AI 및 계산신경학의 발달로 빅뱅 시기에 돌입했지만 여전히 뇌의 95퍼센트는 신비한 영역으로 남아 있다. 물질(뇌)과 정신(마음)은 하나인가, 둘인가. 하나라면 물질에서 어떻게 정신이 탄생하는가. 물질과 정신의 상호작용은 무엇인가. 이런 질문들 앞에 우리는 여전히 무력하다.

큰 우주는 우리가 안 지 좀 됐다. 고대 문명이 태어나던 지구의 몇몇 앞선 곳들에서는 땅을 지배하는 권력자의 권위를 높이기 위해 하늘의 뜻을 참칭하는 일이 벌어졌다. 홍수와 산불, 기아 같은 재해는 하늘이 노한 결과였다. 하늘은 두려움과 숭배의 대상이었다. 그저 별만 바라보던 인간은 이제 관찰과 머릿속 상상에 의존하지 않고 우주로 직접 탐

1   마이크로미터, 100만분의 1m
2   기능적 자기공명영상. 살아서 활동하는 동물의 뇌를 실시간 촬영할 수 있다.

사선을 쏘아 올리는 경지까지 지知의 경계를 넓혔다. 이에 비해 작은 우주는 기껏해야 수백 년의 탐험 역사밖에 갖고 있지 않다. 아직도 안과 밖이 어떻게 생겼는지 구조조차 완전히 알지 못하는 상태다. 어느 부분이 무슨 일을 하고 어떤 방식으로 작동하는지, 그 기능과 동역학 원리까지 이해하려면 요원하다. 미국과 유럽연합EU이 21세기를 '뇌 과학의 시대'로 선언하면서 국가 차원의 종합연구계획을 세운 게 2013년이다. 첨단 뇌 과학은 걸음마 단계의 신생 학문인 것이다. 대우주 탐험도 바쁜데 왜 소우주 탐험에 굳이 나서야 할까. 바깥 우주여행이 우리의 시공간을 확장하는 외곽 탐험이라면, 안쪽 우주여행은 생명과 지성의 밑바닥을 파헤치는 동굴 탐험이다. 인간이 인공지능과 인공 생명을 만들어내는 정보기술IT 혁명, 생명기술BT 혁명의 초입에 접어들면서 뇌 우주 탐험은 더욱 중요해졌다. 인공지능과 자연지능, 인공 생명과 천연 생명. 이 둘 사이를 잇는 새로운 길을 찾아야 하니까 그렇다. '안다', '살아 있다'는 것이 무엇인지 우리는 새로운 정의를 내려야 한다. 하지만 어찌 보면 큰 우주와 작은 우주를 탐험하는 것은 같은 일일지도 모른다. 물질에서 마음을 발견하려는 영원한 길 찾기, 이 넓은 세상에서 나를 찾아가는 여행이라는 점에서 말이다.

CHAPTER 1

뇌 우주를 여행하는
히치하이커를 위한 안내서

안녕! 히치하이킹을 안내할 가이드, 뉴트리노³입니다.

우주여행이라곤 하지만 별을 향해 날아가는 하늘 여행은
아니에요. 거꾸로 깊은 지하 동굴 아래로 파고 들어가는 내면으로의
여행이죠. 여러분은 세포와 분자, 감각과 의식 사이를 헤집고
다니는 마이크로 탐험대가 될 것입니다. 우주에는 많은 뇌들이
있지만 이번 여행에선 사람의 뇌, 그것도 주로 대뇌를 돌아다닐
예정이에요. 그래도 무척 부지런하게 나아가야 여정을 마무리
지을 수 있을 것 같네요. 뇌라는 우주는 물리적으로 따지면 어른
두 주먹 크기의 회색 연질 덩어리에 불과하지만, 거기서 형성되는
자아는 블랙홀로 가득 찬 큰 우주도 품을 만큼 거대하거든요.

저는 여러분보다 조금 먼저 뇌 우주를 한 바퀴 돌았어요.
히치하이킹으로 타기 힘든 여러 우주선에 운 좋게 올라타서
친절한 선장님들 안내를 받으며 무사히 여행을 마쳤죠.
제가 본 신비하고 아름다운 풍경과 그 때 느낀 감동을 공유하고
싶었어요. 혼자 즐기기엔 너무 아까웠죠. 그리고 선장님들처럼
누군가를 도와주고 싶었어요. 히치하이커의 여행은 고달프니까요.
고급 승용차를 얻어 탈 때도 있지만, 하루 종일 소달구지
한 대 지나가지 않는 날도 있죠. 처음 본 우주선의 임시 승객이
돼 워프warp 비행⁴의 멀미를 견디기도 만만치 않아요. 하지만
요령만 좀 터득하면 여행이 훨씬 쉬워지지요. 히치하이킹 100배
즐기기 요령을 공유하려고 이 여행 안내서를 썼습니다.

1

출발하기 전에

탑승 안내

뇌 우주여행은 당신이 가봤던 다른 여행과는 많이 다를 것이다. 우선, 스케일이 크다. 기껏해야 한 도시, 커봤자 일개국가를 돌아보는 데는 자전거, 렌트카 정도로 충분하다. 하지만 우주를 여행하려는 자는 우주선을 타야 한다. 비록 잠

---

3   질량이 0에 가까운 중성미자中性微子의 영문명. 저자의 필명이다.
4   SF 장르에서 축지법처럼 공간을 접어 이동 시간을 단축시키는 가상의 비행 기술

시 얻어 타는 히치하이커일지라도 어려운 우주 용어를 익히고, 광속 여행의 무시무시한 압력을 이기는 특수 훈련도 받아야 한다.

둘째, 상상력을 발휘해야 한다. 여러분은 지금까지 어디가 관광 명소인지 콕콕 집어주는 가이드와 골목길까지 훤히 그려진 지도를 손에 들고 여행을 해왔다. 하지만 뇌 우주의 지도는 아직 5%밖에 완성되지 않았다. 나머지 95%는 가이드조차 한 번도 못 가본 원시림이다. 안개 속 숲길을 걷는 여행자처럼 1미터 앞만 보며 더듬더듬 나아갈 수밖에 없다. 그나마 아까 안개 밖에서 봤던 경치를 밑그림 삼아 희미하게 보이는 숲의 윤곽에 상상력의 스케치를 덧붙여 짐작하는 게 고작이다. 그런데, 이런 상상력 더하기 방식이 바로 뇌가 세계를 인식하는 방법이다. 재미있지 않은가? 이번 여행을 통해 당신의 뇌 상상력 파워가 한 단계 올라갈 수도 있다.

잠깐! 여기서 용어 2개만 외우고 가자. 이 책 내내 되풀이될 '뉴런neuron'과 '시냅스synapse'란 단어이다. 뉴런은 뇌세포, 정확하게는 뇌신경세포이다. 뇌에는 다른 세포들도 있지만 뉴런이 핵심이다. 뉴런은 뇌 과학의 황태자이다. 뇌의 가장 큰 비밀인 '연결'을 주도하기 때문이다. 뉴런은 다른 뉴런들과 연결되어 뇌 신경망, 즉 '뉴럴 네트워크'를 형성한다. 이 네트워크가 바로 인간의 감정, 지능, 의식, 마음이라는 게 현대 뇌 과학의 결론이다. 시냅스는 뉴런과 뉴런이 연결되는 접합부를 말한다. 교차로라고나 할까. 점과 선으로 이뤄진 네트워크에서 연결선link에 해당한다. 뉴런은 점node이 될 것이다. 뉴런과 시냅스, 대강 무슨 뜻인지 여기까지만 알아두자. 다른 전문 용어는 책 뒤에 붙인 '용어 해설'에서 그때그때 찾아보면 충분하다.

뇌 우주를 탐험하는 이유

우리는 왜 뇌 우주를 탐험할까? 그것도 사람의 뇌를 말이다.

그 많은 소우주 중에서 심장도, 간도 아니고, 왜 뇌 우주를 보아야 하나. 첫 번째 이유는 나를 더 깊이 이해하기 위해서다. 뇌는 인간을 인간답게 만드는 가장 중요한 기관이다. '물고기는 뇌가 없나? 웬만한 동물은 다 있잖아?'라고 묻는다면, 맞는 말이다. 하지만 인간의 뇌만이 이성, 의식, 자유의지 등 고등한 정신 작용이 가능한 특성을 갖고 있다. 흔히 인간을 '생각하는 동물'이라고 한다. 이 '생각'이 바로 뇌에서 일어난다. 생각은 자아를 인식하고, 과거와 현재에 근거해 미래를 꿈꾸게 한다. 과학자들은 생각의 영역을 감각, 지각, 의식, 지능처럼 몇 개로 나누지만 통틀어서는 '마음mind'이라 부른다. 생각, 마음, 영혼, 뭐라 부르든 이건 사람만 갖고 있다고 여겨지는 것이다. 그래서 뇌가 만들어내는 마음의 신비를 푼다면 인간의 본질을 더 깊이 이해할 수 있을 것이다. 우리는 누구인가, 어디서 와서 어디로 가는가. 이런 큰 질문에 대답하기 위해 태양계 같은 바깥 우주도 탐험하겠지만 뇌라는 내 안의 우주도 탐험해야 하는 것이다. 과학이 아니라 꼭 철학처럼 들릴지도 모른다. 맞다. 뇌 과학에는 철학이나 심리학, 심지어 종교와 겹치는 부분도 많이 있다.

　뇌 우주를 탐험하는 두 번째 이유는 컴퓨터와 뇌가 점점 서로 닮아가고 있어서이다. 인공신경망, 딥러닝, 기계학습…. 이런 단어들이 점점 익숙해지는 세상이다. 이게 다 뇌를 닮은 기계를 만들고 싶어하던 과학자들의 작품이다. 세상에 나온 지 70년이 좀 넘은 컴퓨터는 인류의 생활을 완전히 바꿔버렸다. 집채만 하다가 책상 위, 손 위에 올라오더니 이제 냉장고 속으로, 건물 벽 속으로, 사람 몸속으로까지 들어왔다. 보이질 않는다. 크기만 작아진 게 아니다. 컴퓨터가 육체라면 인공지능은 영혼이다. IQ가 엄청나게 빠른 속도로 높아지고 있다. 그래서 인공지능이 더 발전하면 인류를 위기에 몰아넣을 것이라 걱정하는 천재들이 많다. 작고한 '휠체어 물리학자' 스티븐 호킹, 마이크로소프트의 창업주 빌 게이츠, 자율주행차 테슬라와 민간 우주기업 스페이스 엑스, 뇌 공학 스타트업 뉴럴링크를 잇달아 설립한 일론 머스크 같은 사람들은 인공지능이 인간을 앞서기 전에 인간이 먼저 인공지능을 장악하고 제어해야 한다고 경고한다. 어느 날 출근하니 내 의자에 인공지능 컴퓨터가 떡 앉아 있는 모습을 상상해보라. 매우 곤란할 것이다. 적을 알고 나를 알아야 승리한다. 뇌를 알아야 인공지능을 알고, 그래야 이길 수 있다. 아니, 인공지능을 친구로 삼을 수 있다.

21세기의 인간은 인공지능의 도움을 받는 AI 증강augmented 인간[5], 유발 하라리가 말하는 포스트휴먼 내지 트랜스휴먼[6]으로 진화해나갈 것이다. 자연지능과 인공지능은 서로의 장점과 단점을 보완하며 더 큰 차세대 지능으로 성장할 것으로 예상된다. 자연지능(뇌)은 인공지능의 원본이

---

5   마셜 맥루한이 '미디어는 인간 감각의 연장'이라고 표현했듯, 인간의 선천적 능력을 강화한다는 의미.

6   post-human, trans-human. 정보기술IT, 생명기술BT의 도움을 받아 진화한 차세대 인류

요, 출발점이다. 뇌를 깊이 이해하는 것은 인공지능을 더욱 지능답게 고도화하는 데 반드시 필요한 사전 작업이다. 만약 인공지능이 자연지능에 가깝게 진화하면 거꾸로 인간의 지성을 더욱 강화할 수 있고, 이 상호 증강 작용은 끝없이 계속될 것이다.

2

뇌 우주, 어디까지 가봤니

뇌 우주여행 코스

뇌 우주를 여행하는 전통적인 코스는 4개로 나뉜다. '전통'이라 함은 오래됐지만 다수가 지지하는 분류법이라는 뜻이다. 요즘은 코스가 더 다양해지거나 여러 코스들이 하나로 통합되는 추세이다. 그런데, 이 여행 코스는 뇌라는 물체의 공간적 분할을 뜻하는 건 아니다. 실제 인간의 뇌를 위아래·좌우로 공간 구획하는 여행은 2장 '우주 지도'에서 자세히 해볼 예정이다. 여기서 말하는 뇌 우주여행 코스란 뇌 우주를 탐험할 때 어떤 우주선을 타고 갈 것인가를 선택하는 분류이다. 직설적으로 말해 뇌 연구의 학문적 접근법, 다시 말해 뇌를 바라보는 4가지 다른 시각을 말한다. 우주선마다 뇌 우주비행 기술이 다르다. 물론 최신 뇌 우주 탐험은 4가지 비행 기술을 총동원한 융합 여행으로 진화하고 있다. 심지어 인공지능, 나노테크놀로지NT 비행술도 섞여 있다. 21세기 초의 뇌 과학은 고전 과학의 여러 분야가 어우러진 오케스트라 연주라 할 수 있다. 그럼에도 불구하고 뇌 과학의 연구 방법론을 사각형 다이어그램([표 1])으로 표시할 때, 동

뇌 의·약학
ㅇ질환의 기전규명 및 제어
ㅇ뇌질환의 치료제 개발
ㅇ건강한 신경계 영유

뇌 신경생물학
ㅇ신경계 분자 및 세포생물학
ㅇ신경회로 및 네트워크
ㅇ신경계 시스템 및 행동

뇌융합연구

뇌 인지신경학
ㅇ감각/지각   ㅇ성서/동기
ㅇ주의/의식   ㅇ사회/문화
ㅇ학습/기억   ㅇ언어/지능

뇌 공학
ㅇ뇌구조 기능 측정 및 모델링
ㅇ뇌-기계 인터페이스
ㅇ뇌 기능 증진기술

[표 1] 뇌 과학의 연구 방법론

서남북 4개의 간선 도로는 뇌 우주여행의 기본 코스로 여전히 유효하다.

Ⓐ 뇌 의·약학 코스

가장 오래된 북서 방면 1번 코스는 의·약학 길이다. 이 책의 3장으로 가면 곧장 그 길로 접어든다. 당신은 의사나 약사 선장의 안내를 받아 무너질 듯 위태로운 뉴런의 산등성이 사이를 조심스레 저공비행할 수 있다. 여기저기서 녹슬고 엉클어진 뇌 통신 케이블을 자기만의 장비로 고쳐보려 의사 정비공들이 분투하는 장면도 볼 수 있다.

　이 코스가 오래된 이유는 컴컴한 두개골 동굴 속 깊숙한 곳에 뇌 우주가 숨겨져 있어서다. 비행 금지 제한이 풀리자마자 여러 탐험대가 일제히 진입을 시도했지만 겹겹이 가로놓인 함정과 강철 벽을 뚫고 나가야 했다. 더구나 죽은 뇌가 아니라 살아 움직이는 뇌 우주의 동영상 지도를 손에 들고 탐험하기까지는 fMRI, PET[7] 같은 투시형 망원경의 발

7　　양전자 단층촬영

명을 기다려야 했다. 옛 의사들은 사고로 뇌 일부를 다치거나, 살면서 뇌가 고장 난 환자의 행동이 바뀌는 발현 증상을 보고 동굴 속에서 나오는 메아리를 짐작하는 게 고작이었다. 그래도 여러분에게는 제일 익숙한 뇌 여행 코스가 아닌가 한다. 뇌 의·약학 우주선은 고장 난 뇌 우주를 고치는 수리선, 병원선이기 때문이다. 아마 주변에 아픈 뇌를 가진 사람들을 많이 보았을 것이다. 치매 가운데 70% 이상을 차지하는 알츠하이머병은 65세 이상 고령 인구에서 10% 이상의 유병률有病率을 보일 정도로 흔한 뇌 질환이다. 우울증·공황장애와 같은 정신질환은 다수의 연예인들이 TV에서 치유 경험을 고백할 만큼 더 흔하다.

 뇌 우주가 무너지는 원인과 양상은 전부 다르다. 완전히 허물어진 건지, 아직 정상적으로 버티고 있는 건지 그 경계를 정하기도 애매하다. 미국심리학회가 매년 발간하는 '정신질환 진단 및 통계 매뉴얼 5차 개정판(DSM-5)'은 정신질환의 종류를 무려 20개 챕터로 구분해놓고 있다. 이 분류를 보고 있노라면 과연 이것이 병인가, 의심될 정도의 증상도 많다. 재독 철학자 한병철은 2010년 저서 『피로사회』에서 "시대마다 그 시대의 고유한 주요 질병이 있다"고 일갈했다. 병의 정의도 시대에 따라 변할 수 있다. 동성애는 천재 과학자 앨런 튜링이 살던 1900년대 중반에는 외설 혐의로 법원의 화학적 거세 명령을 받을 정도로 비정상 취급을 받았으나, 70여 년이 흐른 지금은 LGBT[8]의 다양한 성 정체성 및 성 지향성을 인정하는 쪽으로 사회의 인식이 바뀌었다. 과거 '정신 분열증'으로 불리던 조현병은 이제 그나마 확실한 정신질환으로 인식되지만 외상 및 스트레스 장애, 수면장애, 성 불편증 등은 현대의 새로운 병명들이다. 이에 비해 뇌 의·약학 우주여행 코스에서 활발하게 탐사된 치매, 파킨슨병, 조현병, 자폐증, 중독은 고장 원인과 수리법이 비교적 잘 알려져 있다.

Ⓑ 뇌 신경생물학 코스

뇌 우주여행의 2번 코스는 1번 코스 바로 옆에 있는 북동 방면 신경생물학 길이다. 2장 '우주 지도'에서 자세히 안내하겠다. 여러분은 생물학자 선장의 안내를 받아 세포와 분자의 좁은 계곡을 건너가게 된다. 피와 살이 튀는 해부학 교실

---

8   레즈비언, 게이, 양성애자, 성전환자의 준말

이지만 뇌 신경회로의 구불구불한 길을 어지럽게 걷다 보면 활동전위電位[9]의 화려한 전기 불꽃 쇼와 신경전달물질[10]이 흘러가는 시냅스 개울도 구경할 수 있을 것이다. 생물학 우주선을 타고 가는 2번 여행 코스는 신경계의 수도인 뇌를 집중적으로 돌아본다. '뇌brain'라고 할 때 크게는 대뇌를 중심으로 소뇌·뇌줄기·사이뇌·척수를 합친 뇌, 즉 중추신경계를 말한다. 좁게는 대뇌만을 지칭한다.

사람을 포함한 생물의 구성단위는 분자-세포-조직-조직계-기관-기관계-개체 순으로 커진다. 소화기관인 위, 대장, 소장 등이 모이면 소화계가 된다. 혈액순환계는 한가운데 심장을 중심으로 동맥과 정맥의 큰길, 실핏줄의 작은 길로 촘촘하게 짜여 있다. 그런데, 신경계는 식물에 없고 동물에만 있는 도로망이다. 식물은 물과 양분을 이동시키는 순환 도로만 갖추고 있다. 동물로 치면 혈액이 돌아다니는 혈관이다. 이에 비해 신경계는 빛·소리 등 외부 자극이 들어오고, 그 반응으로 몸을 움직이는 신호를 내보내는 정보

9　뉴런의 세포막 안팎의 양이온, 음이온 이동에 의해 발생하는 전류. '막전위'라고도 한다.

10　neurotransmitter. 세로토닌, 도파민, GABA 등 뉴런 간 신호 전달에 사용되는 화학물질

도로망이다. 신경 도로는 다시 중추신경계와 말초신경계로 나뉜다. 각각 고속 도로와 지방 도로에 해당한다. 맨 아래쪽 고속 도로인 척수에서 갈라져 손끝 발끝의 땅끝 마을까지 이르는 작은 길이 말초신경계이다. 이번 여행에서 시골길까지 갈 여유는 없다. 수도의 유명 관광지 위주로 코스를 짜보았다.

신경계를 정보가 오가는 네트워크라고 해서 실체 없는 소프트웨어 정도로 여기면 곤란하다. 혈관이나 힘줄처럼, 신경은 눈에 보이고 손으로 만질 수 있는 물질이다. 실제 동물의 신경을 보면 말랑말랑한 회백색 끈 같다. 실이나 전선이라고 생각해도 좋다. 실을 쪼개보면 더 가느다란 여러 섬유가 줄지어 얽혀 있다. 굵은 케이블 안에 가는 구리선이 꽉 찬 모습을 떠올려보라. 이 섬유 혹은 구리선이 신경의 최소 단위인 축삭[11]이다. 축삭이라는 섬유가 꼬여 실이 되고, 실이 꼬여 둥근 공 모양의 실뭉치가 된다. 이것이 바로 뇌이다. 여기서 말하려는 요지는 신경도, 뇌도 부피와 무게를 가진 '물체'라는 것이다. 신경을 전선에 비유하면 뇌는 매우

---

11   어원은 말뚝과 새끼줄. 축삭돌기라고도 한다. 다른 뉴런으로 신호를
      보내는 뉴런의 송신부

촘촘하고 단단하게 얽혀 있는 둥근 케이블 뭉치인 셈이다. 달리 말해 뇌는 가장 큰 신경 덩어리다. 뇌 과학과 신경과학 이 거의 동의어로 통용되는 이유이다.

ⓒ 뇌 인지신경학 코스

뇌 우주여행의 3번 코스는 가장 힘든 난難코스다. 1, 2번 코 스가 뇌라는 물질의 구조와 성분을 따져보는 해부학적 미 시 여행이라면 남서 방면 3번 뇌 인지認知, cognition 길은 감 각·의식·기억·학습·언어·지능 등 뇌에서 탄생하는 무형의 정신작용의 기능과 작동원리를 탐색하는 거시 여행이다. 흔히 '마음을 찾아가는 여행'이라고 부른다.

인지는 외부의 자극에 대해 내부의 반응(대응)을 체계 화한다는 뜻이다. 인지를 이성, 더 쉽게는 생각이라고 바꿔 말해도 무방하다. '마음mind'은 이 생각, 특히 고등사고를 통 틀어 부르는 가장 보편적인 명칭이다. 철학의 자유의지free will, 신학의 영혼soul 개념과도 유사하다. 그러나 철학과 신 학의 탐구가 추상적 이론을 바탕으로 한 사고思考실험이라 면, 뇌 과학의 '마음' 연구는 1, 2번 코스 탐험에서 얻은 의학·생물학 지식에 근거해 엄밀하게 통제된 실험으로 검증하는 과학적 이론이란 점에서 다르다.

하지만 셋 다 나의 주인, 내 육체와 정신의 지배자를 찾는다는 점에서는 같다. 무엇이 내 머리 위에 걸터앉아 나에게 명령하는가. 손발을 움직여 향기로운 꽃과 맛있는 음식을 찾게 하고, 불끈 화가 치밀어 올랐다가 주식과 부동산의 10년 후 가치를 계산하도록 만드나. 나를 움직이는 주체, '나는 나'라는 이 하나의 통일된 느낌. 주체identity, 자아ego, 뭐라 불러도 좋다. 다른 동물에게는 없고, 오로지 인간에게만 부여된 정체 모를 내면의 목소리를 찾아가보자. 외계인도, 인공지능도 인간과 같은 마음을 지니고 있는지는 아직 확인되지 않았다. 그렇다면 온 우주에서 유일한 존재, 인간을 인간답게 만드는 그 무엇은 어디에서 탄생하고 어떻게 작동하나. 이 책의 5장 '우주의 지배자'는 그 탐색의 한계를 다루었다. 여러분은 의사·심리학자·철학자·공학자 등 다른 항해법을 배운 여러 선장들로 구성된 마음 탐험대의 리더를 따라 인지신경학 우주선 탑승 길에 오를 것이다.

⑩ 뇌 공학 코스

뇌 우주여행의 마지막 남동 방면 4번 코스는 가장 최근에 개척된 새 길이다. 뇌 공학, 브레인 엔지니어링 길이라고 불린다. 쉽게 말해 뇌를 측정·조절 가능한 정교한 생체 기계로 간주하고 이를 컴퓨터 같은 진짜 기계와 연결하려는 시도다. 뇌의 전기적·화학적 움직임을 계측기로 잰 다음, 그 구조와 기능을 수학적·통계학적 방법을 써서 모델링하는 작업도 여기에 속한다. 이 코스를 무리 없이 완주하려면 인공지능 같은 최신 컴퓨터 소프트웨어 지식과 약간의 공학적 상식이 필요하다.

　뇌 공학 코스를 지금의 위치까지 뚫는 데는 꽤 많은 장비들이 필요했다. 뇌 지도를 그리는 데 fMRI, PET, STEM[12] 같은 억대의 고성능 이미지 촬영 장치가 필요했던 것과 비슷하다. 뇌에 전극을 꽂거나 뇌로부터 방출되는 전기파·자기파를 빅 데이터로 축적한 다음, AI로 패턴을 파악하는 일은 다수의 연구자와 비싼 장비를 오래 투입해야 하는 대형 프로젝트이다. 그래서 1번 의·약학 길과 더불어, 대규모 자

12　　주사走査 투과 전자현미경

본이 들어가 판매 가능한 상품과 서비스로 시장에 내놓는 산업화, 상업화로 연결되는 코스이기도 하다. 지금은 치매 치료 등 의·약학 산업화가 90퍼센트 이상을 차지하지만 뇌공학의 산업화는 이제 막 시작된 참이다. 미래 성장 가능성이 큰 유망 분야라는 뜻이다. 산업화의 예를 몇 개 들어보자. 뇌가 고장 나면 집중력 감소, 우울증 등 원치 않는 신체 기능 저하를 겪는다. 이를 개선할 수 있다면 의학적 상품 가치가 생긴다. 더 나아가 원하는 목적에 맞춰 뇌를 강화하려는 기술도 나오고 있다. 이런 기술은 '뇌 조절'[13]로 불리지만 스포츠 분야에서 성적 향상을 위해 이용하는 뇌 조절은 '뇌 도핑'[14]으로 비난을 받기도 한다. 이른바 '인간 증강' 기술로, 기계의 강점을 인체에 접목하려는 하이브리드 인류 개조 작업에 사용될 것이다. 앞서 언급한 트랜스휴먼, 포스트휴먼이 이러한 하이브리드 인류에 속한다.

　SF 속 이야기처럼 들리지만 이미 실현된 초기 기술만 해도 놀라운 사례들이 즐비하다. 돈이 개입되니 발전 속도

13　neuromodulation. 원하는 목적에 맞춰 뇌 상태를 제어하려는 기술. 뇌 제어라고도 한다.

14　brain doping. 스포츠 분야에서 집중력이나 인내력을 키우는데 사용된 뇌 조절 기술을 말한다.

역시 가장 **빠르다**. 초기엔 사고로 사지 마비 장애인이 된 환자의 로봇 의수義手를 뇌파로 움직이는 실험부터 시작했다. 말을 꺼내기도 전에 상대방의 생각을 읽는 마인드 리딩 mind reading, 즉 디지털 독심술도 빅 테크 기업의 연구 목록에 올라 있다. 텔레파시처럼 생각만으로 스마트폰에 문자를 쳐 넣거나 그림을 그리는 일은 마이크로소프트, 페이스북의 희망 사항이다. 정신 집중으로 커서를 움직여 소프트웨어를 조작할 수 있다면 리그오브레전드LOL 같은 온라인 게임을 하거나, 멀리 떨어진 실물 자동차 또는 비행기도 몰수 있다는 이야기다. 일론 머스크가 설립한 뇌 공학 스타트업 뉴럴링크는 돼지의 뇌에 심은 무선칩으로 뉴럴 코드(뇌신호)를 실시간 전송받는 시연을 공개했다. 남의 두뇌 속에 침입해 내 멋대로 부려먹는 브레인 해킹까지 꿈꾸는 뇌 공학자를 애니메이션 제작자 취급해서는 안 된다. 뇌의 신호를 컴퓨터에 내려받고, 컴퓨터의 정보를 뇌에 업로드하는 기술을 영화 〈매트릭스〉의 한 장면 정도로 치부하는 당신은 4번 코스를 한 번도 가본 적 없는 초보 우주인이 아닐까.

우리가 살아가는 시대는 AI가 금융·법률·예술·스포츠 등 사회 전 분야로 진출하는 고도화 단계에 접어들고 있다. 자연지능(뇌)과 인공지능의 연결 통로를 찾아 통합 지능이라는 큰 길을 개척하려는 뇌 공학 우주선의 활약이 더욱 기대되는 시점이다. 4장 '천연우주와 인공우주'에서 그 길을 주의 깊게 살펴본다.

추천 일정

뇌 우주여행의 긴 여정에 나선 여러분은 용감한 히치하이커들이다. 하지만 모두가 처음부터 끝까지 여행의 전 일정을 함께 해야만 하는 것은 아니다. 아마 소수의 여행자만이 뇌 우주의 구석구석을 모두 훑어볼 것이다. 히치하이킹으로 이런 우주선, 저런 우주선을 얻어 타는 일은 만만치 않다. 엉덩이도 배기고 멀미도 날 것이다. 게다가 대부분의 대원은 뇌 우주 말고 다른 우주 탐험도 가야 한다. 바쁘다. 뇌 우주는 몇 군데 좁은 영역까지만 가볼 수 있을 것이다.

그래서 여러분의 탐험 스타일에 따라 다음의 3가지 일정을 추천한다. 첫째, 유쾌한 2박 3일 관광 여행이다. 우주 관광객 여러분은 아름다운 경치와 맛난 음식, 신나는 모험을 즐기면 된다. 4장 '천연우주와 인공우주'의 다른 풍경을 감상한 다음, 2장 '우주 지도'를 펼쳐보며 내가 지나온 곳들이 어디인가만 알면 된다. 둘째, 호기심 넘치는 3박 4일 탐사 여행이다. 우주 탐사대 여러분은 비행 가능한 뇌 우주의 최외곽까지 둘러보며 변경의 개척자가 된 기분을 만끽하면 된다. 2장 '우주 지도'에서 지형지물을 파악한 다음, 3장 '무너진 우주'에서 고장 난 우주의 수리 전문가들을 만나보고 5장 '우주의 지배자'를 면담하는 순서이다. 마지막으로 세 번째는 진지한 4박 5일 과학 공부 여행이다. 우주 공부팀 여러분은 뇌 우주여행을 한 번만 하고 끝낼 게 아니고 이런 안내서를 작성하는 종신 탐험대원으로 근무하기를 원하는 학자 체질이다. 1, 2, 3, 4, 5장 순서대로 탐험한 후, 마지막 6장 우주 헌장을 외우며 뇌 우주의 윤리와 규칙까지 익히길 권한다.

3

뇌 우주에 관한
몇 가지 사전 정보

뇌 우주의 기원

뇌 우주는 어디서 왔을까, 어떻게 생겨났고 어느 곳으로 흘러갈까. 과거를 알면 앞으로 뇌가 어떻게 변해갈지도 추측할 수 있다. 주로 진화론과 발생학이 동원된다. 둘 다 뇌가 태어나는 순간을 포착하는 방법이다.

진화론에서는 기나긴 생물의 연대표에서 뇌가 출현한 시기를 콕 집어보는 식으로 기원을 찾는다. 우선, 식물은 뇌가 없고 동물만 뇌가 있다는 사실은 뇌의 탄생 배경을 짐작케 하는 유력한 단서이다. 단순하게 드러나는 동물과 식물의 차이는 움직임이다. 즉 이동·활동에 필요한 정교한 신체 제어가 뇌의 생성 목적이라는 것이다. 멍게는 유생 시절에 물속을 올챙이처럼 헤엄쳐 다니다가 바위에 붙어 고착형 성체로 자라면서 자기 뇌를 포함한 신경계를 먹어치운다. 더 이상 이동하지 않으니 뇌가 필요 없다고 여기기라도 하는 것처럼 말이다. 생명의 특징은 자기 보존과 후손 퍼뜨리기로 요약된다. 이동성mobility은 이 임무를 완수하는 데 절대적으로 유리한 자질이다. 그런데 외부의 자극(빛·소리·냄새·전기자기 등)을 받아들여input 그에 맞는 적절한 신체 반응을 적시에 내놓는output 일은 결코 만만한 작업이 아니다. 순식간에 외부 정보를 입력, 해석한 다음 생존에 필요한 행동으로 옮겨야 한다. 이 고도의 대량 정보 처리를 위해 뇌가 만들어졌다는 설이 유력하다.

동물 중에서도 뇌가 없는 원시 동물들은 신경절 등 낮은 차원의 신경계로 비슷한 기능을 수행한다. 아예 신경계가 없는 동물도 있다. 신경의 유무에 따라 진화 수준을 나눌 수 있다. 일단 신경계가 생겼다면 신경계가 최고로 발달한 단계를 뇌라고 보면 된다. 거칠게 말해 생명은 원시 대기와 바다에서 단세포-다세포-어류-양서류-파충류-포유류로 진화해왔다. 뇌도 이 계단의 중간 어디쯤에서 나타났을 것이다. 뇌의 계층성hierarchy[15]을 거꾸로 뒤집어보면 상상이 된다. 신경이 없다가 원시 신경이 생기고, 서서히 신경 뭉치(신경절)가 만들어진다. 말초신경계에서 중추신경계로 올라가는 순서다. 등골(척수)이 올라가면 뇌줄기를 형성하게 될 것이다. 매우 희귀하게 뇌가 없이 태어나는 무뇌아의 경우 뇌줄기만 갖고 있다. 발생 초기의 첫 번째 뇌란 의미이다. 뇌줄기는 호흡·심장 박동·소화·동공 수축·내장과 혈관의 조절 등 생명의 유지를 담당하는 기본 뇌이다. 뇌줄기와 붙어있는 소뇌는 신체 제어를 위한 동작 조절의 뇌이다. 생명을 유지하고 동작까지 조절할 수 있다면 다음은 정신을 통제하는 뇌가 필요할 것이다. 잠시 후 '뇌 발달 3단계'에서 자세히 설명하겠다.

다음으로, 발생학적 방법으로 뇌를 연구하려면 태아의 뇌 형성을 시간 순으로 관찰해야 한다. 수정란에서 뇌가 처음 생길 때를 관찰해보면 우선, 외배엽 쪽 신경판이 접히면서 파이프 형태의 관tube을 만든다. 이 관이 점점 올록볼록

---

15 대뇌-소뇌-숨뇌의 서열처럼 가장 상위에서 하위까지 중요 기능별로
    순서를 매길 수 있는 특징

부풀어 올라 여러 개의 둥근 풍선들이 이어진 모양이 된다. 발생 5주쯤 되면 5개의 둥근 풍선은 양쪽에 귀를 가진 강아지 모양으로 변한다. 나중에 대뇌, 사이뇌, 중간뇌, 소뇌와 다리뇌·숨뇌로 완성될 대강의 자리가 잡히는 것이다. 각 뇌 부위가 형성되는 순서와 동적 움직임에 대한 해부학적 설명은 생략한다. 하나 기억해둘 만한 것은 눈이 뇌의 일부라는 사실이다. 무슨 말이냐 하면 수정 후 5주차가 된 배아의 앞쪽 풍선(앞뇌) 양쪽에 눈 소포小胞란 돌기가 튀어나온다. 주머니 모양으로 작게 부풀어 나온 이곳이 나중에 망막, 시신경으로 자라난다. 발생 초기의 뇌에 눈이 달려 있는 것이다. 흔히 눈을 '마음의 창'이라 부르며, 무슨 생각을 하는지 눈만 보면 안다고 이야기하는 것도 알고 보면 일리가 있는 말이다.

엄마 뱃속에서 완성된 초기의 뇌는 처음에 주름 하나 없이 매끈하다. 주름은 태어난 후부터 꾸준히 늘어나 만 2세가 될 무렵 거의 완성 단계에 이른다. 뇌는 왜 표면에 주름을 만들까. 면적을 넓힐 수 있기 때문이다. 사람 뇌의 주름을 쫙 펴서 펼치면 신문지 2페이지를 펼친 크기($2300\sim2500\text{cm}^2$)와 비슷하다. 뒤에서 다시 말하겠지만 뇌에서 가장 중요한 부위는 표면으로, 가장 바깥쪽 표면인 새겉질(신피질)neocortex이다. 고등사고 작용을 맡고 있는 부위이다. 표면적이 넓어지면 더 많은 신경세포를 배치할 수 있고, 당연히 산소와 영양분도 더 많이 소모할 수 있다. 엔진의 성능이 높아지는 것이다. 동물의 뇌 중 사람처럼 주름이 잘 발달한 경우는 돌고래 정도가 유일하다. 주름은 어떻게 생길까. 유전자와 세포 변화에 기초한 생물학적 설명 외에 뇌 부위별 성장 속도 차이에 의한 물리적 힘도 원인으로 거론되고 있다. 이를 차동差動 성장이론이라 한다.

삼위일체의 뇌 우주

뇌 우주는 진화 단계에 따라 안에서부터 밖으로 '파충류의 뇌-고古 포유류의 뇌-신新 포유류의 뇌'로 발달해왔다. 1960년대 미국의 신경과학자 폴 맥클린이 제시한 개념으로, '3중 뇌'라고도 한다. 달리 표현하면 현재의 뇌-과거의 뇌-미래의 뇌로 볼 수도 있다.

뇌 우주로 지금 몰려드는 엄청난 입력 신호를 실시간으로 즉시 처리하기 위해 '현재의 뇌'가 가장 먼저 출현했다. 감각정보를 빛의 속도로 신속하게 입력, 분석, 출력(대응 행동)하기에 앞서 우선 '생존'이 기본이다. 호흡·체온·맥박 등 내부 순환계의 원천적 생명 활동을 원만하게 유지하는 항상성 관리 기능부터 시작해 누군가 나를 공격하려 하면 번개같이 도망가는 반사 행동까지 자기 보존을 담보하는 제어 기관이 필요하다. 이것이 뇌 발달 3단계 중 1단계에 해당하는 '파충류의 뇌'이다. 도마뱀, 거북 등은 뇌줄기와 소뇌로만 이뤄진 간단한 뇌를 갖고 있다. 여기에 R 복합체Reptilian complex라는 부속 구조물이 덧붙여져 있는 정도다. 살아가는 데 큰 문제는 없다. 하지만 그저 생각 없이 본능에 따른 행동이 있을 뿐이다. '마음'은 여기에 살지 않는다.

진화의 시계는 조금 더 흘러 적자생존에 더욱 유리한 생물군이 나타나기 시작했다. 바로 포유류이다. 파충류에서 포유류로 가려면 변온동물에서 상온동물이 되는 등 많은 신체적 변화가 동반된다. 뇌에 국한해서 보면 둘레계통의 출현이란 '퀀텀 점프'[16]가 있다. 뇌 발달 2단계 '과거의 뇌'가 등장하는 것이다. '둘레계통'이란 뇌 중심부의 시상을 둘러싼 여러 부위로서, 과거의 경험을 보존하는 일종의 기

---

16 '양자 도약'이라고도 한다. 물리학, 특히 양자 역학에서 전자가 원자 내 궤도에서 불연속적으로 이동하는 현상을 뜻한다. 보통 비유적으로 '상상하기 힘든 극적 변화'를 의미하는 표현으로 쓰인다.

억 저장 시스템이다. 해마를 중심으로 구성된 이 시스템의 주요 목적은 기억과 학습이다. '과거의 뇌'를 가진 생명체는 둘레계통을 통해 방금 살아남는 데 성공한, 즉 생존에 유리한 어떤 상황과 조건을 뇌 속에 깊이 새겨 넣는다. 그리고 다음에 비슷한 상황과 마주치면 재빨리 뇌 속 도서관에서 과거 기록을 갖고 와 현재와 비교한다. 당연히 생존 확률은 껑충 뛰어오른다. 살아남는 데 절대적으로 유리한 것이다. 생각해보라. 낚싯대 갈고리의 미끼를 1분 전에 삼켰는지조차 기억하지 못하는 물고기는 생선구이로 생을 마감할 것이다. 반면, '어제 오른쪽 평원으로 갔더니 과일이 더 많이 열렸지', 심지어 '10년 전 물 마시러 연못에 갔더니 연잎 아래에 악어가 숨어 있더라'와 같은 정보를 기억하는 원숭이는 더 오래 살고 자손도 많이 낳았을 것이다. 바깥 세계로부터 쏟아져 들어오는 어마어마한 입력정보를 실시간으로 처리하는 '현재의 뇌'도 놀랍지만 이 가운데 생존에 유리한 정보를 선별해 도서관에 잘 저장해놓고 필요할 때마다 불러오는 '과거의 뇌'는 더 놀랍다. 하지만 이곳에도 마음은 거주하지 않는 것 같다.

드디어 뇌 발달 3단계, '미래의 뇌'가 나올 차례다. 현재의 실시간 정보를 처리하고 과거 기록을 체계적으로 분류해 저장했다면 이를 바탕으로 미래를 예측할 순서이다.

포유류의 '과거의 뇌' 단계에 만족하지 못한 인간은 미래를 예측하는 마지막 뇌 우주로 달려갔다. 바로 대뇌의 새겉질이다. 새겉질은 대뇌의 맨 바깥 부분에 있는 껍질(피질) 중에서도 가장 최근에 형성된 부분이다. 뇌 발생 과정을 보면 새로 만들어진 어린 뉴런이 선배들을 제치고 올라가 겉질 제일 바깥쪽에 자리 잡는다. 늙은 뉴런들은 겉질 안쪽으로 밀려 들어간다. 미래를 예측하는 막중한 임무는 신참에게 맡겨진다. 현재의 감각정보와 과거의 경험정보, 그리고 이를 종합한 미래 예측정보를 만드는 엄청난 고강도 노동을 가장 성능이 좋은 최신모델의 뉴런에 맡기는 것처럼 보인다. 인간은 과거 경험정보에 기초한 미래 예측의 패턴 스케치를 미리 생성해놓고 있다. (학술용어로 '내부 모델internal model'이라고 한다.) 그리고 이를 대뇌 겉질에 보관한다. 미래 스케치양은 현재 입력 감각정보의 스케치보다 몇 배나 더 많다. 뇌는 가장 바깥쪽 표면이 제일 넓다. 보관 용량도 당연히 더 크다. 인간은 이 보관소에서 현재 스케치와 가장 유사한 예측 스케치를 골라 맞춰본 후 행동을 결정한다. 이것이 '마음'이 작동하는 기본 원리다.

AI는 바로 '미래의 뇌'가 하는 일을 인간 대신 해주기 위해 만들어졌다. 한 마디로 '예측기계'이다. 방대한 과거 기록(빅 데이터)을 쏟아부으면 AI는 인간보다 더 빠르고 정확하게, 그리고 때론 인간이 보지 못한 다른 흐름과 맥락, 패턴과 경향성을 찾아낸다. 그리고 이 임시 규칙을 바탕으로 앞으로 생길 새로운 신규 사건도 이렇게 흘러갈 것이라고 확률로 보여준다. '사건 A 발생 확률은 69%', '사건 B 발생 확률은 93%', 이렇게 말이다. 프로 바둑 기사들이 모니터를 보며 다음 착점을 연구하는 이유다. AI는 훌륭한 미래 추론 기계이지만, 그 원본은 사람의 뇌다. AI의 추론은 사람의 지능, 더 넓게는 마음을 모방한 것이다. 마음이 작동하는 원리는 AI가 목표에 가장 가까운 최근사값을 찾아내 문제를 해결하거나 미래 전망 소견을 제시하는 과정과 상당히 비슷하다. 앞서 말했듯 인공지능은 자연지능을 더 정교하게 모방하고, 자연지능은 인공지능의 강점을 지원받아 서로 상승 작용을 일으키며 발전해가고 있다. '마음'은 미래의 뇌에서 처음 나타났고, 인공지능은 이 마음을 흉내 내고 있는 셈이다.

세계의 뇌 우주 탐험선

과학 선진국들이 소리 없는 전쟁을 벌이고 있다. 바로 '인체 속 소우주' 뇌의 미개척지를 먼저 점령하려는 기초·응용 연구와 산업화 경쟁이다. AI를 앞세운 4차 산업혁명, 화성 탐사 등 우주 기술 선점 다툼에 이은 제3의 과학기술 전쟁이다. 선진국들이 뇌 우주 탐사에 매달리는 것은 4차 산업혁명에 따른 IT 지능화와 더불어, 뇌·컴퓨터 연결Brain-Computer Interface, BCI 기술의 산업화가 빨라지고 있기 때문이다. 뇌 생물학과 AI 연구가 합쳐져 지능생물학의 융합 경쟁 시대로 접어들었고, 여기서 뒤떨어지면 다른 모든 산업에서의 국제경쟁력도 기대할 수 없다는 위기감에 사로잡힌 것이다.

뇌 과학은 특히 BCI, 그리고 뇌신경세포를 모방한 뉴로모픽 칩 산업화를 통해 IT·BT[17]의 융합 최전선으로 부상하면서 치매 치료나 수명 연장 같은 초고령 사회의 도전에 맞서는 한편, 차세대 AI 개발로 연결되는 국가 경쟁력의 핵심으로 주목받고 있다. BCI, 뉴로모픽 칩에 이어 컴퓨터 시

17   Information Technology, Bio Technology

각 기술로 뇌의 구조와 기능을 3차원 이미지로 생성해 한 눈에 볼 수 있게 해주는 브레인 매핑mapping, 전자기·초음파로 자극해 질환을 치료하거나 마음과 몸의 상태를 바꾸는 뇌 조절도 한창 뜨고 있는 기술이다. 뇌 과학은 산업의 거의 모든 분야에 전방위로 진출하고 있다. 이처럼 뇌 과학을 산업에 응용하는 기술을 통틀어 브레인테크라고 한다.

히치하이커 여러분은 의사, 생물학자, 인지신경과학자, 공학자 선장이 모는 우주선에 각각 올라타 뇌 우주 탐험의 4가지 코스를 흘깃흘깃 주마간산 구경을 하는 행운을 누리길 빈다. 이들이 오래 개척해놓은 뇌 우주의 탐험 경로는 저마다의 비경과 전설을 간직하고 있다. 한 사람의 영웅이 아니라 앞선 거인의 어깨 위에 올라탄 후배 선장들이 이어달리기를 하며 지금의 베이스캠프까지 진출한 결과이다. 특히, 2013년에는 뇌 우주 탐험의 빅뱅이 일어났다. 미국과 EU를 선두로 국가 단위의 뇌 우주 개척 경쟁에 불이 붙은 것이다. 물론 모든 나라들이 그 전에도 조금씩은 뇌 과학에 예산을 투입하고 있었다. 하지만 선진국들은 이때 본격적으로 21세기를 '뇌의 시대'라고 선언하며 국력을 집중하기 시작했다. [표 2]에서 그 현황을 확인할 수 있다.

미국은 오바마 전 대통령이 2013년 취임과 동시에 '뇌

	정책 이름	투자액	목표 및 현황
미국	뇌 과학 주도권 (Brain Intiative, 2013~2025년)	45억 달러 (5조 3000억 원)	뇌 활동의 포괄적 지도 작성 브레인 2.0 보고서 발간(2019년 6월)
유럽연합 (EU)	인간 뇌 프로젝트 (Human Brain Project·HBP, 2013~2022년)	10억 유로 (1조 5000억 원)	인간 뇌의 디지털 재구성 및 뇌 질환 치료약물 효과 예측 플랫폼 개발 생각 기계|Thinking Machine 공개(2019년 4월)
일본	뇌와 마음 (Brain/MINDS, 2014~2024년)	400억 엔 (4400억 원)	뇌와 마음의 건강대국
중국	중국 뇌 프로젝트 (China Brain Project, 2016~2030년)	미정	영장류 메조Mezo 스케일 뇌지도 작성을 통한 대뇌의 인지기능,AI 기술을 일체양익 연구
한국	3차 뇌연구촉진 기본계획 (2018~2027년)	연간 2000억 원 이상	뇌의 근원적 이해, 뇌 질환 극복, 뇌 신기술 창출

[표 2] 주요 국가들의 뇌 과학 정책과 투자 현황

과학 주도권Brain Initiative'이란 야심 찬 뇌 우주 탐사 계획을 발표했다. 2025년까지 5조 원을 들여 뇌 우주 개척의 주도권을 잡겠다는 것이다. 뇌 과학 주도권에는 뇌의 뉴런 전체 연결망, 어려운 말로 '커넥톰connectome'이라는 마이크로 뇌 구조 지도를 완성한다는 목표도 포함돼 있다. 왜냐하면, 20년 전쯤 인간 유전자 지도를 먼저 완성해서 한번 재미를 본 적이 있기 때문이다. 덕분에 세계 유전치료 시장은 지금 미국이 독점하다시피 하고 있다. 오바마의 선언은 뇌 과학에서도 미국이 먼저 치고 나가서 전 세계 뇌 산업 시장을 독점하겠다는 의지를 잘 보여준다. EU도 질세라 같은 해 '인간 뇌 프로젝트Human Brain Project, HBP'라는 비슷한 계획을 세웠다. 그런데, 유럽은 좀 방향이 다르다. 사람 뇌를 컴퓨터로 복사한다는 게 큰 줄기다. 뇌 일부를 복사한 컴퓨터를 '신경 컴퓨터neuro-computer', 혹은 '생각 기계Thinking Machine'라고 부른다. 뇌의 작동 회로를 컴퓨터 소프트웨어로 재현하겠다는 것이다. 또 동물 실험을 컴퓨터 시뮬레이션으로 대신한다는 목적도 있다. 하지만 너무 비현실적이라든가 지금 기술로는 어렵다는 비판도 많다.

미국은 2019년 6월 '브레인 2.0' 중간 보고서를 내며 2013년 선포한 '뇌 과학 주도권' 국가 비전의 초반 6년 성

과를 정리하고 2025년까지 후반기 목표를 재설정했다. EU
도 2019년 4월 뇌 절편slicing 3D 뇌지도와 생각 기계(신경
컴퓨터) 기술 개발의 최신 동향을 집행위원회 홈페이지에
올렸다. 미국과 같은 해 출범시킨 '인간 뇌 프로젝트'의 성
과를 일부 공개한 것이다. 미국과 EU는 20세기에 앞섰던
자국 산업의 경쟁력을 유지하려 브레인테크에서도 격돌 중
이다. 미국과 유럽의 뇌 우주선만 소개했지만 중국, 일본,
이스라엘, 캐나다 등도 뇌 우주 탐험에 열심이다. 일본과 중
국은 미국, EU보다 2~3년 늦게 뇌 우주 전쟁에 뛰어들어
급히 예산을 쏟아붓고 있다. 이 같은 국가 차원의 경쟁 외에
민간기업 가운데도 뉴럴링크, 커넬, 앨런연구소 같이 선구
적인 개척자들이 많다. 다음에 또 뇌 우주를 여행할 기회가
생기면 그때 돌아보기로 하자.

CHAPTER 2

우주 지도

뇌 우주로 날아가는 4가지 여행코스(뇌 의·약학, 뇌 신경생물학,
뇌 인지신경학, 뇌 공학)를 방금 소개했습니다. 아마 갈 길이 바쁜
히치하이커 여러분은 각자 자기 구미에 맞는 코스 행
우주선을 향해 곧장 "헤이~"하고 손을 흔들며 달려가고 있겠죠?
그러나 잠깐! 먼저 여행을 해본 경험자로서 지도부터 챙기라고
권하고 싶네요. 내가 우주선 창문으로 바라보고, 때론 잠시 내려
거친 표면을 걷기도 하는 뇌 우주 별들의 지형과 지명을
익히면 어떨까요. 어떤 여행 안내서라도 첫 페이지의 지도 위에는
기후·인구·환율 같은 그 나라 기초 정보가 깨알같이
적혀 있잖아요? 지도 보는 법에 어느 정도 익숙해지면
방금 도착한 관광 명소가 별의 어디쯤인지, 아까 본 명소와는
얼마나 떨어져 있는지, 나의 현 위치(You are here!)
감각이 생기기 마련이죠. 쉿! 당신이 얻어 탈 우주선의
선장님들도 사실은 지도 읽기와 그리기로 첫 여행을 시작했답니다.

1

완벽한 뇌 지도를 찾아서

왜 뇌 지도인가

우리 머릿속 길을 찾는 과학자들은 '뇌 지도Brain Map' 그리기부터 시작한다. (아니, 더 엄밀히 말하자면 지도 읽기부터 시작한다.) 모든 여행은 지도를 들고 출발하기 마련이다. 기원전 오디세이의 10년에 걸친 귀향 항해이든, 화성을 향해 날아간 퍼서비어런스호의 우주 비행이든 간에 말이다. 점토판에 나뭇가지로 그린 몇 개의 점과 선인가, 자이로스코프를 이용한 관성항법장치INS인가의 수준 차이가 있을 뿐이다.

지도는 왜 필요할까. 첫째, 눈으로 봐야 한 번에 파악할 수 있기 때문이다. '보는 것이 아는 것Seeing is believing'이라는 말도 있다. 시각은 직관적이다. 낯선 이가 길을 물어오면 "편의점 나올 때까지 쭈욱 가서 오른쪽으로…" 하고 말로 공간을 설명해주는 것보다 그저 냅킨 위에 몇 줄 선을 죽죽 그어 보여주는 게 서로에게 편할 것이다. 1장에서 설명했지만 외부 감각을 받아들이는 인간 뇌세포의 3분의 1은 시각 정보에만 매달려 있다. '본다'는 감각이 진화 과정에서 그만큼 중요한 대접을 받은 데는 다 이유가 있다. 다른 모든 여행처럼 뇌를 여행하는 데도 그래서 지도가 필요하다. 특히 뇌 우주는 1000억 개의 뉴런과 1000조 개의 시냅스가 얽힌 복잡계 중의 복잡계이다. 길을 잃지 않으려고 과학자들은 오늘도 뇌 지도 그리기로 뇌 연구를 시작한다.

두 번째 이유는 지도가 '이동하는 주체의 내적 나침반'이기 때문이다. 지도는 안과 밖을 향해 동시에 열려 있다. 흘깃 보기에는 바깥 세상을 그린 게 지도처럼 느껴진다. 하지만 지도는 세상 속에서 이동하는 '나'의 현 위치를 파악하고, 잠시 후 어디로 가야 할지를 정할 수 있게 해준다. 즉, 과거-현재-미래의 공간적 궤적을 전 구간에서 시간 순으로 시각화한다. 지금 이 순간 내가 전체 공간 중 어느 위치에 있는지, 어떤 과거 경로를 따라 얼마 만에 여기까지 왔는지를 알면 미래에 어디로 나아갈지도 설계할 수 있다. 5장 '우주의 지배자'에서 살피겠지만 원래 공간과 시간은 추상적 개념에 불과하다. 하지만 인류는 이를 본능적으로 DNA 깊숙이 새겨 넣고 있는 듯하다. 몇몇 뇌 과학자들은 뇌에서 장소세포와 시간세포를 발견했다. 장소의 이동과 시간의 흐름에 반응해 잠을 깨는 뉴런이 따로 존재한다는 것이다. 특히 머릿속 지도는 이동 방향과 속도의 벡터 공간을 읽는 프로그래밍 도구이다. 뇌 지도는 움직이는 내 몸과 마음의 현재 위치를 알게 해준다.

뇌 과학에서 지도가 필요한 세 번째 이유는 뇌의 구조와 기능이 서로 연관돼 있기 때문이다. '구조structure'는 안팎의 생긴 모양이다. '기능function'은 하는 일, 역할이란 뜻이다. 뇌는 특이하게도 모양과 위치가 바뀌면 하는 일도 달라진다. 간이나 심장은 어느 부위나 같은 일을 하는데, 뇌는 왼쪽과 오른쪽, 앞쪽과 뒤쪽, 위쪽과 아래쪽의 하는 일이 다 다르다. 이걸 뇌 과학에선 '구조가 기능을 결정한다'라고 말한다. 각 부위의 생긴 모양과 위치에 따라 하는 일이 정해져 있다는 뜻이다. 예컨대, 최초의 근대적 뇌 지도로 알려진 브로드만 지도 17번 뇌 뒤통수엽의 맨 뒷부분은 1차 시각영역(V1)이다. 눈에서 들어온 시각정보를 처음 처리하는 뇌세포들이 주로 여기에 모여 있다. 뇌 마루엽 맨 윗부분은 1차 운동영역(M1)이다. 외부에서 받은 감각 신호에 대응해 운동을 지시하는 뇌세포들의 거주 지역이다. 흡사, 한 회사에서 같은 일을 하는 부서 동료들이 모여 사는 직장인 아파트 같다. 같은 음역을 발성하는 단원끼리 모여 있는 합창단의 자리 배치를 보는 것 같기도 하다. 이를 '뇌의 모듈성 modularity'이라고 한다. 모듈module은 동일 기능을 수행하는 규격 부품이다. 과학자들은 뇌 발생 초기에 뉴런이 같은 일을 하는 다른 뉴런과 강하게 연결되면서 동일 기능을 수행하는 뉴런끼리 자연스레 이웃에 살게 된 게 아닌가 짐작한다. 서로 붙어 살면 통신선을 설치하는 데 비용이 적게 들고 속도도 빠르다는 걸 생각해보라. 뇌는 경제관념이 철저한 CEO이다.

그런데 함정이 하나 있다. 구조를 안다고 기능도 모두 알 수 있는 건 아니다. 뇌의 각 영역은 경우에 따라 정체성이 변하면서 기능이 달라지기도 한다. 예를 들어, 대뇌 겉질의 시각 담당 영역이 망가지면 청각영역이 이를 대신한다. 어떤 과학자가 선천적 시각장애인의 눈을 고쳤다. 그런데 망막 등 눈 자체의 기능은 정상화됐지만 한 번도 눈에서 들어오는 시각 신호를 처리해본 적 없는 뇌의 시각영역 기능은 회복되지 않았다. 그래서 멀쩡하게 잘 작동하는 뇌의 청각영역으로 시신경을 연결해봤다. 이게 웬일! 청각영역으로만 알고 있던 그곳에서 시각 신호를 처리하기 시작하는 게 아닌가. 앞서 예를 든 합창단에 비유하면 테너 파트 단원들에게 지휘자가 "자, 이제 베이스 성조聲調로 불러봐" 하고 지시하자 테너들이 베이스음을 내는 격이다. 이처럼 뇌 각 영역의 기능은 원칙적으로 고정돼 있지만, 영구불변은 아니다. 바뀔 수 있다. 이를 뇌 가소성可塑性, plasticity이라고 한다. 플라스틱처럼 휘어진다는 뜻이다. 뇌는 한번 배선wiring을 완료하면 변경할 수 없는 반도체 회로가 아니다. 한 회로가 막히면 다른 우회 회로로 연결해 다시 유연하게 작동한다. 외부 자극(경험)과 내부 인지(마음)에 따라 끊임없이 배선을 새롭게 바꾸는 살아 있는 기계, 생체 회로인 것이다. 과학자들은 뇌의 어디에서 무슨 일을 하는지, 어디와 어디가 협력해서 함께 일하는지 알고 싶다. 이게 궁금해서 지도를 그린다.

뇌 과학의 시작이자 완성

뇌 여행은 아직 가보지 않은 미지의 변경을 탐색하는 탐험이다. 우리가 답사해본 만큼의 영토에 해당하는 지도는 그려져 있지만 못 가본 곳은 텅 빈 백지이거나 상상에 근거한 가설과 이론으로 메워져 있을 뿐이다. 그래서 뇌 과학은 뇌 지도를 그리면서 시작해 뇌 지도를 완성하는 것으로 끝난다. 뇌 우주여행의 출발역이자 종착역 역시 뇌 지도이다. 출발역이란 뇌 연구가 뇌의 지형 그리기로 시작한다는 뜻이다. 종착역이라 함은 뇌 과학자들이 알고 싶은 마지막 비밀이 뇌의 구조와 기능의 상관관계를 한눈에 볼 수 있는 완벽한 뇌 지도라는 의미다. 18세기 골상학과 20세기 초 브로드만 지도를 거쳐 현재의 전자현미경과 뇌 영상 장비에 이르기까지 완벽한 뇌 지도 작성은 뇌 과학의 오랜 꿈이다.

그러나 뇌 지도 그리기는 쉽지 않다. 뇌는 '머릿속 블랙박스'로 불린다. 금괴로 가득 찬 중앙은행의 지하 금고라 생각해도 좋다. 1장에서 말했듯 여러 관문을 통과해야 비로소 금고를 열 수 있다. 장갑차처럼 단단한 뼈(두개골)에 구멍을 뚫고 들어가면 뇌를 둘러싼 세 겹의 질긴 막이 "너는 못 들어가" 하며 막아선다. 생물학적 2차 관문이다. 어찌어찌 외부 관문을 돌파했다 치자. 국가 원수의 근접거리 경호를 담당하는 비밀 정예 부대처럼 '혈관뇌장벽Blood-Brain-Barrier, BBB'의 3차 관문이 버티고 있다. 피 속의 이물질, 분자 단위 오염까지 막겠다는 철통 보안 장치이다. 그만큼 중요한 부분이란 뜻이다. 그래서 이들 3중 검문소를 통과해 뇌의 깊숙한 영역에 들어가기가 쉽지 않다.

또 죽은 뇌는 해부해서 보면 되지만 살아 있는 뇌는 어떻게 볼까. 뾰족한 침을 찔러 넣는 방법과 사진을 찍는 방법, 크게 두 갈래로 나뉜다. 어려운 말로 침습侵襲, Invasive, 비非침습이라고 한다. 직접 들어가기와 안 들어가고 밖에서 엿보기다. 침습은 침투란 뜻이다. 뇌 속에 침투하려면 기다란 전기 탐침을 수술로 뇌에 찔러 넣어야 한다. 질 좋은 신호를 포착할 수 있지만 신호를 제공하는 사람이 너무 힘들다. 그래서 보통은 머리뼈 밖에서 내부 촬영이 가능한 사진을 찍거나, 외부로 흘러나오는 전류의 흐름(뇌파)을 측정한다. 그러면 고통은 덜 하지만 신호가 너무 약해 제대로 해석하기 어렵다. 현대 과학의 살아 있는 뇌 관찰은 양쪽 방식의 장단점을 살려 상호 보완하는 쪽으로 기술 진보가 이뤄지고 있다.

뇌 지도의 역사

뇌가 어떻게 생겼는지 궁금했던 옛 사람들은 처음에는 죽은 사람의 뇌를 해부했다. 로마 시대의 학자 갈레노스는 동물 해부로 알게 된 지식으로 1000년 이상 이 분야의 대가로 군림했다. 크기와 무게는 얼마이고, 두부처럼 물렁물렁한데 겉에는 쪼글쪼글 주름이 졌다는 등과 같은 기록을 쌓으며 뇌의 겉모양을 알게 된 것이다. 하지만 아리스토텔레스의 이론을 계승한 그의 의학적 가설은 틀린 부분도 많았다. 이윽고, 암흑의 중세를 지나 르네상스 시대로 접어들자 일대 도약이 이뤄졌다. 레오나르도 다빈치는 700장 이상의 인체 해부 스케치를 남기며, 뇌의 뇌실에 지성과 영혼이 산다는 주장을 폈다. 이어 벨기에의 의학자 베살리우스는 1543년 세계 최초의 해부학 교과서 『인체 해부학 대계(인체의 구조)』를 발간했다. '뇌' 편에 그는 정교한 15장의 뇌 내·외부 그림을 올렸다. 시체를 훔쳐 금지된 인체 해부를 몰래 시도할 정도로 용감했던 베살리우스는 새로운 해부학의 아버지로 떠올랐다. 그러나 여전히 뇌의 안팎 모양을 제외하고는 아는 게 적었다.

18세기 골상학骨相學, phrenology은 뇌의 구조와 기능을 결합해보려던 시도였다. 그러나 비약이 지나친 나머지, 유사과학 수준에 머물고 말았다. 뇌의 특정 부위를 많이 쓰면 그 부분이 커지면서 두개골을 밀어내 머리 모양이 바뀌므로, 머리뼈 모양을 보면 지능이 높은지 성격이 흉악한지 여부를 알 수 있다고 비과학적인 주장을 폈다. 지금까지 널리 쓰이는 지도다운 지도, 최초의 근대적 뇌 지도는 20세기 초 브로드만 지도이다. 뇌 구조의 차이에 따라 그린 지도이지만 나중에 뇌의 기능 구분과도 잘 맞아떨어진다는 사실이 확인되면서 더 유명해졌다.

현대 뇌 지도는 이제 고가의 장비 싸움으로 돌입했다. 살아 있는 뇌의 지도를 그리기 위해서다. 생물학의 현미경, 천문학의 망원경이 효자였듯 뇌 과학은 1970년대 PET, 1990년대 fMRI처럼 활동 중인 뇌의 영상을 선명하게 찍을 수 있는 의료영상기기가 발명되면서 뇌의 구조뿐 아니라 기능까지 통합적으로 이해하는 전기를 맞았다. 뇌 속 길의 모양을 보는 '구조 뇌 지도'에 이어, 차량 통행량을 보면서 길의 역할도 파악하는 '기능 뇌 지도'까지 그릴 수 있게 된 것이다. 여기에 21세기 들어 뉴런을 이루는 단백질·유전자의 구성까지 보려는 분자 뇌 지도가 가세하고 있다. 정확한 뇌 지도는 치매·파킨슨병 등 뇌 질환의 진단과 치료, 차세대 인공지능 개발의 필수 도구다. GPS 좌표를 알아야 정밀 공격이 가능한 원리이다.

2

뇌 우주 지도를 그리는 방법

지도를 그리는 방법은 여러 가지가 있다. 가령, 우리가 세계 지도를 그리려 해도 시선(혹은 광원)의 출발점과 축적, 강조·생략 포인트에 따라 메르카토르 도법 등 몇 종류로 나뉜다. 뇌 우주 지도도 관측 목표와 방법에 따라 크게 다음 3가지로 구분된다. 구조structural(해부학) 뇌 지도, 기능network 뇌 지도, 분자Molecular 뇌 지도가 그 주인공이다.

뇌 지도는 구조 뇌 지도에서 기능 뇌 지도로 발전해 왔다. 앞서 뇌 지도의 역사에서 설명했듯, 20세기를 기점으로 확 갈린다. 옛 지도는 뇌의 모양을 주로 그렸다. 그런데 뇌의 지형 지도를 손에 넣어도 역할까지 파악하긴 어렵다. 앞으로 톡 튀어나온 이마엽이 무슨 일을 하고, 뇌 깊숙한 안쪽은 무슨 작용을 하는지 알고 싶었지만 당시에는 기술과 장비가 부족했다. 긴 세월 동안 의사들은 뇌의 이곳저곳에 병이 난 환자들을 관찰하거나, 중대 질환으로 뇌의 특정 부위를 제거한 희귀 수술 사례를 끌어 모아 어둠 속에서 문고리 잡듯 더듬더듬 기능을 탐색할 수밖에 없었다. "아, 여기가 망가지니 말을 못 하네, 저기를 잘라내니 어제 일도 기억 못 하는구나" 하는 식으로 말이다. 생생한 뇌의 기능을 한눈에 볼 수 있도록 뇌 속을 촬영하는 획기적인 영상기기 PET와 fMRI는 20세기가 끝날 무렵에야 출현했다.

우선, 뇌 지도의 기본은 구조 뇌 지도와 기능 뇌 지도의 두 가지란 점만 알아두자. 전자는 뇌의 모양, 후자는 뇌의 역할(혹은 연결network)을 보는 지도이다. 지금부터 뇌 지도를 종류별로 하나씩 상세하게 살펴본다.

뇌 지도의 기본, 구조 뇌 지도

'구조 뇌 지도'는 뇌 속 길의 모양을 그린 것이다. 어렵게 말하면 과학자들이 뇌라는 물체 혹은 실체substance의 공간적·지형적 좌표를 정밀하게 파악해가는 과정이다. 예컨대, 뇌전증(간질병) 완화를 위해 뇌에 초음파 등 자극을 가하는 치료를 시도할 때 뇌전증과 관련된 뇌의 어느 부위를 겨냥해야 하느냐는 의사들의 현실적인 고민이다. 이런 수요에 맞춰 뇌의 안과 밖, 전후좌우, 위아래 등 입체적인 구획 분류가 필요하다. 등산 지도에 비유하면 산과 계곡의 크기와 위치, 그 속으로 난 길의 모양을 보여주는 것이다.

구조 뇌 지도는 얼마나 멀리서 보나, 즉 척도에 따라 매크로-메조mezzo-마이크로의 3단계 스케일로 구분한다. 메조는 '메조소프라노' 할 때의 그 메조다. 중간이란 뜻이다. 매크로는 뇌 전체, 메조는 뇌의 부분, 마이크로는 뉴런 1개를 본다고 생각하면 쉽다. 단위가 작아질수록 지도는 더 정밀하다. 전국 지도-경기도 지도-서울 지도의 관계인 셈이다. 최근에는 뉴런 안의 분자·유전체 구성까지 엿보는 동네 지도, 즉 나노nano 스케일 지도가 나오기 시작했다.

멀리서, 반쯤 와서,
가까이서 본 뇌의 3단계 지형

뇌 우주의 지형은 거시-중시中視-미시의 3가지 거리에서
관찰할 수 있다. 앞서 매크로-메조-마이크로라고 설명한
것을 우리말로 멀리서 보기, 반쯤 와서 보기, 가까이서 보기
라고 풀어본다. 멀리서 뇌 전체를 보고, 반쯤 와서 뇌 일부
영역을 보고, 가까이 와서 뉴런 1개를 본다고 생각하면 된
다. 히치하이커 여러분은 의사 선장의 해부학 지식을 배워
야 하니까 좀 어렵고 지루할 수도 있다. 해부학 용어는 우리
말, 한자, 영어, 라틴어가 뒤섞여 있다. 여기서는 필요한 최
소한만 기술했다. 귀찮으면 넘어가도 된다. 하지만 이름을
알면 마법처럼 뇌 우주에 더 매혹당하긴 한다. "이름은 가장
짧은 주문呪文", 영화 〈음양사〉에서 마법사들이 읊은 첫 대
사이다.

구조 뇌 지도로 뇌 속 길의 형태와 위치를 볼 때, 우리
는 뇌의 한 길이 다른 길과 어떻게 연결되고 나뉘는지 알 수
있다. 지도에는 경부고속도로와 중부고속도로가 어디서 만
나고 어디서 갈라지는지 나와 있지 않은가. 이 구조적 연결
형태도 매크로-메조-마이크로 차원에서 볼 수 있다. 뇌 전

체의 연결망, 뇌의 한 영역과 다른 영역의 지역 네트워크, 뇌 뉴런 1개와 다른 뉴런 사이의 단일 통신망을 각각 지도로 그릴 수 있는 것이다. 맨 마지막 지도는 아직 미완성이다. 뒤에 자세히 설명하겠지만 인간 뇌 속 1000억 개 뉴런의 1000조 개 시냅스 연결 구조를 모두 그리려는 게 앞서 잠깐 언급한 미국의 휴먼 커넥톰 프로젝트이다. 과학자들은 양자 컴퓨터의 계산력과 뇌 신경생물학의 발전이 뒷받침되면 금세기 내 인간 뉴런의 연결망 지도를 완성할 수 있을 것으로 기대하고 있다. 마치 20년 전쯤 성공한 인간 유전체의 염기서열 지도처럼 말이다. 미국의 휴먼 게놈 프로젝트Human Genome Project는 1990년 시작해 예상보다 빠른 2003년에 끝났다.

Ⓐ 멀리서 보기

몸 밖에서 보면 뇌는 동물의 머릿속에 들어 있는 기관이다. 물론 신경이 뇌처럼 덩어리져 관제탑 노릇을 하지 않고 병렬형으로 몸속에 골고루 퍼져 분포된 동물도 있다. 하지만 이번 여행에서는 사람의 뇌만 보기로 앞에서 약속했다. 모르는 사람은 없겠지만 뇌는 매우 중요한 부분이다. 사람의 몸에서 사령관에 가깝다. 몸의 다른 부분이 살아 있어도 뇌가 죽으면 움직이지 못하고, 말도 못 하며, 무엇보다 의식이 없다. 사령관이 없으면 눈·코·입·귀의 감각기관과 손·발 운동기관은 접속이 끊어진 게임 속 아바타처럼 무력하다.

뇌로 들어가기 전에 우선, 주변 지형부터 살펴보자. 이렇게 중요한 부분이니, 크게 봐도 총 3겹의 관문을 지나야 뇌 사령관을 만날 수 있다. 앞서 간단히 말했던 두개골-뇌척수액-혈관뇌장벽이라는 관문이다. 가장 바깥에 해당하는 두개골을 보자. 머리는 단단한 뼈, 두개골로 외곽 성을 쌓고 있다. 뇌는 그 속의 성주처럼 안방에 홀로 도사리고 있다. 심장과 간, 콩팥이 모두 가슴뼈 속에 모여 있는 걸 생각하면 단독으로 공간을 차지하는 뇌가 얼마나 중요한 기관인지 알 수 있다.

의사들이 두개골을 드릴로 뚫고 머릿속으로 들어가면 뇌는 얇은 막 속의 진득진득한 액체 안에 둥둥 떠 있다. 태아가 엄마의 자궁 속 양막으로 둘러싸인 양수 안에 떠 있는 모습과 비슷하다. 달걀도 겉껍질 속 표면에 얇은 막이 붙어 있고, 그 속에 들어있는 흰자와 노른자 액체 안에 눈(배아)을 품고 있다. 다치면 안 되는 매우 중요한 존재를 자연이 보호하는 장치는 이렇게 비슷하다. 뇌를 둘러싼 막, 즉 두개 골 안쪽 벽에 붙어 있는 얇은 막을 뇌막이라고 한다. 뇌막도 3겹으로 나뉜다. 제일 바깥쪽부터 경질막-거미막[18]-연질막이라고 한다. 말 그대로 바깥쪽이 제일 질기고 안쪽이 제일 연하다. 거미막은 혈관·림프관처럼 송배수로 혹은 파이프와 여과기 역할을 한다. 이 거미막과 연질막 사이를 뇌척수액Cerebrospinal Fluid, CSF이란 끈적한 액체가 채우고 있다. 뇌척수액은 외부에서 강한 충격이 가해질 때 뇌를 보호하는 액체 완충기 노릇도 하지만, 주로 뇌에 영양을 공급하고 찌꺼기는 씻어내는 역할을 한다. 뇌에는 혈액이 직접 닿지 않는다. 뇌에 도착하는 3차 관문, 혈관뇌장벽이 마지막 수문장으로 버티고 있기 때문이다. 뇌와 직접 닿는 맨 안쪽 연질막에 많은 실핏줄이 분포돼 있으나 혈관뇌장벽으로 인해 혈관에서 뇌로 가는 직행로는 폐쇄돼 있다. 혈액 속의 병원체나 이물질이 함부로 뇌를 오염시키지 못하게 막는 사령관의 친위대인 셈이다. 의사들은 이 정예 부대 때문에 애를 먹는다. 아픈 뇌를 치료하기 위해 약물을 혈관에 투입해도 혈관뇌장벽이 약 성분의 분자 덩어리를 모두 차단하는

18   거미를 뜻하는 한자 '지주蜘蛛'를 넣어 지주막이라고도 한다.

바람에 뇌에 도착하질 못한다. 혈관뇌장벽을 우회하거나 통과하는 약물 제조가 뇌 의학의 큰 숙제이다. 지금까지 본 것처럼 뇌는 뼈(고체)-뇌척수액(액체)-혈관뇌장벽(분자 여과기)의 3중 검문소로 단단하게 봉쇄돼 있다. 뇌는 독자적인 방어 시스템을 보유한 유일한 인체 기관이다.

자, 드디어 검문소를 모두 통과해 사령관실로 들어왔다. 이제 '뇌Brain'의 전체 모습을 볼 차례이다. 멀리서 보면 뇌는 한 덩어리로 보이지만 조금 다가가면 우리가 흔히 '뇌' 하면 떠올리는 가장 큰 대뇌, 그 뒤에 붙어 있는 소뇌, 속에 숨어 있는 사이뇌, 꽃자루처럼 아래로 뻗은 뇌줄기brain stem 가 서로 붙어 있는 복합 구조물이다. 뇌는 하나의 기관이지만 더 거슬러 올라가면 신경계라는 시스템의 일부이다. 그 중에서 뇌는 가장 큰 신경 덩어리이다. 뇌 과학을 신경과학으로 불러도 무방한 것은 신경계의 제일 윗자리에 뇌가 있기 때문이다. 물론 뇌는 강한 연결성을 바탕으로 상호 협력해 일을 처리하지만, 상하 체계로 보면 나머지 신경계에 대해 보고를 받고 명령을 내리는 사령부에 해당한다. 회사로 치면 최고경영자이다. 이를 뇌의 계층성이라 한다. 신경계는 고속 도로인 중추신경계와 지방 도로인 말초신경계로 나뉜다. 중추신경과 말초신경에 관한 설명, 그리고 대뇌·소뇌·사이뇌·뇌줄기로 이뤄진 뇌의 전경全景은 부록의 '멀리서 본 지명'으로 갈음한다. 그림과 함께 하나하나 이름을 되뇌어보면 비교적 구분하기 쉽다. 뇌는 한 덩어리가 아니라 줄기(대)가 달린 육쪽마늘처럼, 연합체로 보인다. 이 연합, 연결은 뇌의 기본 속성이다.

Ⓑ 반쯤 와서 보기

바로 눈앞에서 보면 뇌는 럭비공 모양의 회색 두부 덩어리같이 생겼다. 1.4~1.6kg으로 야구공보다 조금 무겁고, 평균 부피 1350cc로 양 손바닥 위에 올라가는 크기다. 겉면은 쭈글쭈글 주름이 져서 불독처럼 못나 보인다. 주름이 생긴 곳은 밖으로 튀어나온 뇌 이랑과 안쪽으로 쑥 들어간 뇌 고랑으로 이뤄져 있다. 밭의 이랑과 고랑을 생각하면 된다. 고랑을 기준으로 뇌는 4개의 영역으로 나누어진다.

옆에서 볼 때 수직 방향으로 한가운데 푹 패인 깊은 골짜기를 중심고랑이라고 한다. 여기를 경계로 뇌의 앞뒤가 정해진다. 이마 쪽 맨 앞 영역을 이마엽, 이마엽 바로 뒤에 위치한 뇌의 위쪽 영역은 마루엽, 마루엽의 아래 영역은 관자엽이라고 한다. 마루엽과 관자엽을 가르는 수평 방향의 깊은 고랑은 가쪽 고랑이라고 한다. 뇌의 위아래를 구획하는 경계다. 마지막으로 마루엽의 뒤쪽 영역은 뒤통수엽이라고 한다. 그러니까 뇌는 앞에서부터 이마엽, 마루엽, 관자엽, 뒤통수엽의 4개 영토로 분할된다. 나머지 자잘한 영토는 섬island이라고 부른다. 히치하이커 여러분은 가장 큰 구분법인 이 4개만 알면 된다. 세분하면 83개 영역, 최근엔 97개를 더해 180개 영역까지도 나눈다. 과학자들이 하는 일(기능)에 따라 뇌를 영역별로 더 잘게 나눈 것이다. 뇌는 영역, 즉 위치에 따라 하는 일이 다르다. 이를 '구조가 기능을 결정한다', 혹은 뇌의 모듈성이라 부른다는 것은 앞에서 설명한 바 있다. 기능적으로 대별하면 뇌의 뒷부분은 입력, 앞부분은 출력을 담당한다. 시각·청각·촉각 등 외부의 감각 신호를 처리하는 영역들은 모두 중심고랑 뒤쪽에 있다. 손발을 움직이는 운동 신호 담당 영역들은 모두 앞쪽에 있다. 뇌의 신호 흐름은 뒤로 들어와 앞으로 나가는 셈이다.

위에서 볼 때 뇌는 중간의 갈라진 틈(반구간틈새)을 사이에 두고 좌우가 나뉜다. 뇌 좌반구와 우반구는 대칭형 닮음꼴이다. 좌뇌와 우뇌는 뇌들보라는 신경 케이블 뭉치로 연결돼 있다. 지금까지 뇌를 앞뒤, 위아래, 좌우 영토별로 살펴보았다. 이 우주 왕국들에 대해 더 자세히 알고 싶은 여행자는 부록으로 가서 '반쯤 와서 본 지명'을 참고하시라.

다음은 뇌를 밖에서 안으로 파고들면서 구획을 해보자. 뇌 우주의 표면상 경계를 나눠봤으니, 이제 내부의 입체적 구조를 살펴볼 차례다. 대뇌의 표면은 어두운 회색을 띤다. 그러나 조금만 안으로 들어가면 밝은 흰색 부분이 나타난다. 각각 회색질, 백색질이라고 부른다. 회색질은 뉴런의 몸통, 즉 세포체들이 많이 분포된 지역이다. 뇌의 바깥 껍질, 즉 대뇌 겉질(피질)이라고 부른다. 세포체가 어두운 색을 띠고 있어 전체적으로 회색빛이 됐다. 고등사고 작용을 담당하는 영역이다. 안쪽 부분의 백색질은 뉴런의 큰 줄기, 즉 축삭돌기들이 많이 분포된 지역이다. 축삭돌기는 뉴런의 전기신호를 나르는 통신 케이블이다. 누전을 막기 위해 말이집이란 절연 피복을 입고 있는데 그 주성분이 지방이다. 지방의 흰색 때문에 백색질은 전체적으로 백색을 띠게 된다. 백색질 안쪽의 중심부로 더 들어가면 다시 회색질이 나타나는데 뉴런 세포체들이 몰려 있는 바닥핵, 시상 등이 자리 잡고 있기 때문이다. 무의식적 움직임을 조절하고, 감각 신호를 종합 처리하는 이들은 '뇌 속의 작은 뇌'라 할 수 있다.

백색질 안쪽의 한가운데 회색질, 뇌 속의 작은 뇌들이 몰려 있는 뇌 심층부의 구조는 매우 복잡하다. 지구과학에서 지표를 뚫고 들어가면 맨틀층이 나오고 한가운데 핵이 있다고 배웠을 것이다. 뇌도 좌·우반구의 한가운데 중심부에 바닥 핵이 있다. 이 근처에서 뇌줄기가 시작되는데 제일 윗부분부터 중간뇌-다리뇌-숨뇌로 구분된다. 중간뇌의 윗부분은 시상과 시상하부인데 이를 사이뇌로 부른다. 시상은 뇌의 모든 정보 화물이 모이고 분배되는 중앙물류센터로서 매우 중요한 부위이다. 좌뇌와 우뇌에 1개씩 서로 마주 보는 대칭 구조를 이룬다. 2곳의 중앙물류센터에는 정보 화물을 접수하고 받아가려는 트럭들이 줄지어 몰려든다. 아까 말한 바닥 핵이 5개 부분(창백핵, 조가비핵, 중격핵, 꼬리핵, 후각 신경구)로 나뉘어 시상을 1차로 둘러싼다. 그 위를 또 2차로 해마-뇌활-띠이랑 순으로 입체적 건축물이 층층이 둘러싼다. 이 건물들의 형태상 공통점은 U 혹은 C자 모양으로 휘어져 있다는 것이다. 시상을 따라 뇌의 좌·우반구에 걸쳐져 있어야 하기 때문이다. 이렇게 시상부터 해마까지 좌우에 대칭 형태로 걸쳐 있는 이 2차 구조물들을 모두 합쳐 둘레계통(변연계)이라 한다. 뇌의 한가운데 심층부 둘레를 뺑 두르고 있다는 뜻이다.

ⓒ 가까이서 보기

둥근 두부처럼 생긴 뇌 속을 더 깊게 파고들면 흐물흐물한 순두부 덩어리처럼 생긴 뇌수腦髓가 나온다. 뇌수를 구성하는 물질의 가장 작은 단위는 세포이다. 뇌를 가장 잘게 쪼개면 뇌세포가 나타난다는 뜻이다. 뇌세포의 성분은 주로 단백질과 약간의 지방이다. 전자현미경을 사용하면 단백질과 지방의 분자 구조, 더 나아가 유전자 구성까지 포함하는 마이크로·나노 뇌 우주도 탐험할 수 있다. 하지만 분자 뇌 지도에 대한 얘기는 뒤로 넘기고 여기서는 광학현미경으로 보이는 뇌세포 레벨까지만 내려간다.

뇌세포는 크게 2가지 종류로 나뉜다. 뇌신경세포(뉴런 neuron)와 아교세포(글리아glia)이다. 부위에 따라 다르지만 뇌에는 아교세포와 뇌신경세포가 대략 8 대 2의 비율로 분포해 있다. 뇌신경세포는 활동전위라는 전기신호를 발생시키고 전달하는 뇌의 핵심 세포이다. 혈관이 우리 몸 구석구석에 피를 운반하듯, 신경nerve은 정보를 나르는 통신선, 케이블에 해당한다고 앞서 설명했다. 뇌신경세포는 뇌 속의 정보 고속 도로인 것이다. 반면, 아교세포는 정보의 운반과는 관계가 없다. 그래서 비非신경세포로도 불린다. 뇌에는 신경세포와 비신경세포, 전선과 전선이 아닌 것, 이렇게 두 가지 종류의 세포가 있다고 알아두자. 앞으로 뇌신경세포는 뉴런으로 통일해 부르겠다.

뉴런은 뇌 과학의 황태자이다. 뇌 과학brain science을 신경과학neuroscience으로도 부르는 것은 뉴런 덕분이다. 과학자들은 '뇌=뉴런'으로 보고 수백 년 동안 연구를 해왔다. 뉴런 중심의 뇌 연구를 뉴런주의neuron doctrine라고 한다. 뉴런 하나로 책 한 권을 쓸 수 있지만, 여기서는 주로 형태와 간단한 기능 소개까지만 하겠다. 3장 '무너진 우주'에서 뉴런의 병을 돌아보면서 더 자세히 설명할 예정이다.

뉴런은 간, 심장 등 신체의 다른 세포와 다른 몇 가지 도드라진 특징이 있다. 첫째, 모양부터 다르다. 보통 세포들이 둥글거나 납작한 몸통만 가진 데 비해 뉴런은 나무처럼 줄기와 가지가 무성하다. 면류관을 쓴 예수님처럼 머리에 삐죽삐죽 가시가 솟아나 있는 모습을 상상해도 좋다. 이 가시를 신경돌기라고 한다. 핵을 가진 뉴런의 몸통, 즉 세포체cell body에서 단 하나의 길고 가는 줄기와 짧고 굵은 여러 개의 가지를 뻗는다. 가늘고 긴 줄기 1개가 축삭(혹은 축삭돌기)이다. 짧은 팔 여러 개가 달린 나뭇가지 모양의 돌기를 가지돌기(혹은 수상돌기)라 한다.

축삭은 매우 길다. 가장 긴 축삭은 1미터나 뻗어 나간다. 그래서 뇌에서 발끝까지 연결하는 데 2개의 뉴런이면 충분하다. 지름 50~100μm 정도 되는 눈에 보이지 않을 정도로 작은 세포가 자기 몸통의 1만 배나 더 긴 다리를 늘어뜨린 기형적인 모양을 상상해보라. 이렇게 긴 다리를 갖고 있는 단일 세포는 뉴런 외엔 없다. 축삭의 긴 줄기는 '말이집'이라는 허연 지방 세포질로 둘러싸여 있다. 구리 전선을 플라스틱 피복으로 포장한 것과 비슷하다. 실제로 절연체 역할을 한다. 뉴런 속을 달리는 전기신호의 전달률을 높이기 위해 누전을 방지하는 천연 피복으로 축삭 구리선을 감싼 것이다. 말이집은 중간중간에 잘록한 허리를 가진 마디로 쭉 이어진다. 잘록한 부분을 발견자의 이름을 따서 랑비에 결절(매듭)이라 하는데, 약해진 전기신호를 중간에서 다시 키우는 증폭기 기능을 한다. 축삭은 세포체에서 단 1개의 줄기를 멀리 뻗어 수신 뉴런 근처에 도착하면 여러 개로 갈라진다.

가지돌기는 주로 세포체에서 짧은 팔들을 뻗는다. 세포체에서 삐져나온 여러 개의 가지를 세포체 가까운 곳에서 더욱 잘게 분기分岐시킨다. 그 끝부분을 다른 뉴런의 축삭 끝부분과 접속해 신호를 받는다. 가지돌기와 축삭의 연결부를 시냅스라고 한다. 축삭은 다른 뉴런으로 신호를 보내는 송신탑, 가지돌기는 다른 뉴런들로부터 신호를 받는 안테나에 해당한다.

둘째, 전기·화학신호를 실어 나른다. 뉴런의 축삭은 전기신호를, 뉴런과 뉴런의 연결부인 시냅스는 화학신호를 생성해 퍼뜨린다. 달리 말해 뉴런 내부는 전기로, 외부는 화학물질로 통신한다. 시냅스는 뉴런들 사이의 좁은 틈을 말한다. 정확하게는 신호를 보내는 뉴런 쪽 축삭 말단이 신호를 받는 쪽 뉴런의 가지돌기 말단과 만나는 지점이다. 20~40nm(나노미터)로 정말 좁은 틈이다. 보내는 송신부를 전 시냅스, 받는 수신부 시냅스를 후 시냅스라 한다. 다른 뉴런들의 축삭 말단 전 시냅스에서 보낸 화학신호를 받는 뉴런은 가지돌기 말단의 후 시냅스를 통해 수신한 다음 전기신호로 변환해 세포체로 보낸다. 세포체는 수신기와 송신기 사이의 중앙정보처리장치이다. 만약 받은 전기신호들의 총합계가 자신의 목표치에 도달하면 스스로 다시 전기신호를 만들어 축삭을 통해 다음 뉴런으로 전달한다. 이 과정이 중단될 때까지 반복된다. 목표치에 미달하면 통신은 끊긴다. 상세한 내용은 3장 '무너진 우주'와 5장 '우주의 지배자'에서 소개한다.

전기·화학 양대 커뮤니케이션의 목적은 연결이다. 뉴런은 연결하기 위해 태어났다. 위에 말한 긴 다리(축삭)와 짧은 여러 개의 팔(가지돌기)은 각각 송신기와 수신기에 해당한다. 뉴런은 앞 뉴런의 가지돌기에서 받은 신호를 축삭을 통해 뒤 뉴런에 전달한다. 이 과정을 되풀이하면 결국 연결이 이루어진다. 연결이 이뤄진 뉴런의 네트워크를 신경회로neuro-circuit라고 부른다. 이 네트워크, 신경회로 자체가 우리의 행동이요, 마음이 된다. 야구공을 던질 때 연결되는 뉴런의 네트워크는 그 동작에 가장 적합한 '야구공 투구 신경회로'이다. 공포영화를 보고 깜짝 놀란 뉴런들의 네트워크는 '공포 감정 신경회로'가 될 것이다. 어려운 미적분 수학 문제를 풀 때 나타나는 '수리 논리 신경회로', 인생이란 무엇인가 고민할 때의 '철학·종교적 사고 신경회로' 등등 리스트는 끝없이 이어진다. 달리 표현하면 이 네트워크를 음악 악보로 볼 수도 있으리라. 수많은 음표와 쉼표로 이뤄진 노래 한 곡 말이다. 뇌는 1000억 개 뉴런과 1000조 개 시냅스가 수많은 노래를 부르며 화음을 만들어내는 합창단이다. 뇌의 노래는 5장 '우주의 지배자'에서 들어보자.

기능 뇌 지도의 등장

'기능 뇌 지도'는 뇌 속 도로의 용도를 그린 것이다. 뇌 여러 부위의 역할 혹은 연결을 보는 지도이다. 여기서 역할과 연결은 밀접하게 연관되어 있는 말이다. 왜냐하면 뇌는 한 가지 생각(혹은 행동)을 할 때 여러 부위(세포)가 동시에 함께 일을 하기 때문이다. 뇌세포, 즉 뉴런은 앞서 말했다시피 연결하기 위해 태어난 존재이다. 독창이 아니라 합창을 한다. 이를 뇌의 연결성connectivity이라고 한다.

뇌를 공장에 비유해보자. 공장 속 파이프의 배치는 구조 지도로 알았지만, 이상 없이 잘 돌아가는지를 알려면 파이프 속 열의 순환도 봐야 한다. 이 파이프에서 저 파이프로 열기가 원활하게 이동하고 있는지, 다시 말해 뇌의 A 부위와 B 부위 혹은 C 세포와 D 세포가 서로 잘 연결돼 함께 일하느냐를 보는 것이다. 이때 그 연결망을 그린 것이 기능 뇌 지도이다. 또 신경계에 중추, 말초의 위계가 있듯, 대뇌를 포함한 몇 개의 뇌로 구성된 '뇌Brain'에도 위아래가 있다. 심지어 대뇌 하나에도 고등사고를 맡은 이마엽부터 시작해 중요도 순으로 서열을 매길 수 있다. 앞서 말했듯 이를 뇌의 계층성이라고 한다. 감각을 입력하는 영역과 운동을 출력하는 영역, 이를 종합해 판단하는 사고思考영역 등으로 순서를 정할 수 있는 것이다. 이 위계에 따라 우리는 기능 뇌 지도에서 영역과 영역의 연결성, 더 좁게는 뉴런과 뉴런의 연결망을 볼 수 있다.

초기의 기능 뇌 지도는 인체 해부로 알게 된 구조 뇌 지도를 손에 든 채, 이리저리 실험하고 추측하는 과정에서 나왔다. 그러다 보니 잘못된 결론에 이르는 일도 잦았다. 아리스토텔레스, 갈레노스, 레오나르도 다빈치 같은 천재도 마찬가지였다. 뇌의 지형지물, 즉 이 부분과 저 부분이 무슨 일을 하는지 궁금했지만 당시 지식과 기술로는 알기가 어려웠다. 18세기 골상학까지 이런 오류들이 반복되다가 20세기 초에야 제대로 된 기능 뇌 지도가 나왔다. 바로 브로드만 지도이다.

브로드만 지도, 구조 뇌 지도에서
기능 뇌 지도로 가는 길목

오스트리아 해부학자 코르비니안 브로드만은 1909년 뇌의 껍질 구조를 현미경으로 보다가 6겹으로 된 대뇌 겉질의 세포 구성이 뇌 부위마다 다르다는 것을 발견했다. 대뇌 겉질(피질)은 두께가 2~6mm밖에 안 되지만 6개의 층으로 이루어져 있다. 제일 바깥에서부터 로마 숫자 Ⅰ(분자층), Ⅱ(겉과립층), Ⅲ(겉피라미드층), Ⅳ(속과립층), Ⅴ(속피라미드층), Ⅵ(다모양층)으로 나뉜다. 과립顆粒, granule은 미세입자, 즉 작은 알갱이란 뜻이다. 피라미드 세포는 세포체의 모양이 원뿔, 한자로 추체錐體, cone를 닮아 붙은 이름이다. 근대에 작성된 뇌 표면 지도 중 지금까지 사용되는 브로드만 지도는 바로 이 6개 층의 구조 차이에 따른 영토 구분법이다.

브로드만은 겉질의 6개 층이 뇌 부위마다 각각 다른 두께로 분포한다는 사실에 주목했다. 어떤 부위는 Ⅲ·Ⅴ층이 두껍고, 또 다른 부위는 Ⅳ층이 잘 발달해 있었다. 심지어 한 부위에서 두껍던 층이 그 옆 부위로 접어들자 갑자기 얇아지더니 아예 사라지는 일도 있었다. 그는 6개 층의 분포 차이에 따라 뇌 부위를 52개 영역으로 분류했다. 브로드만의 지도는 겉질의 세밀한 구조 차이에 착안해 만든 지도이지만, 나중에 뇌의 기능별 구분과도 일치하는 것으로 확인되면서 더 유명해졌다. 예컨대 17번 영역은 Ⅳ층이 두텁게 잘 발달해 있는데, 과립 세포가 많은 Ⅳ층은 시상에서 정보를 받는 입력층이다. 시상은 후각을 제외한 외부의 감각

정보 집결소이니까 17번은 감각정보를 대량으로 받아들이는 부위라고 짐작할 수 있다. 인간 감각정보의 3분의 1은 시각정보이다. 17번은 시각정보가 처음 도착하는 1차 시각영역primary visual area(V1)으로 명명됐다. 브로드만 4번 영역은 Ⅲ·Ⅴ층이 두텁다. 피라미드 세포가 많은 Ⅲ·Ⅴ층은 정보를 시상으로 보내는 출력층이다. 4번은 운동정보를 대량으로 내보내는 부위라고 짐작할 수 있다. 그래서 4번은 운동정보를 처음 출력하는 1차 운동영역primary motor area(M1)으로 명명됐다. 이런 식으로 41, 42번은 시상에서 청각 정보를 처음 받아들이는 1차 청각영역primary auditory area(A1)이 된다. 뇌 부위별로 어떤 종류의 뉴런이 얼마나 많이 분포하는가에 따라 그 기능을 추측한 것이다. 브로드만 지도는 구조에서 기능을 유추한 대표적 뇌 지도의 사례이다. 이 지도가 최초의 근대적 기능 뇌 지도로 불리며, 지금까지 의대에서 쓰이고 있는 이유이다.

하지만 한계가 있다. 브로드만 지도는 죽은 뇌를 해부해서 알아낸 지식이다. 이 부위가 이런 일을 했을 거라고 추측해, 과거의 역할을 그린 지도이다. 뒤에서 소개할 커넥톰은 미래형 뇌 지도로 꼽히지만, 이 역시 죽은 뇌를 극도로 얇게 썰어 뉴런과 뉴런, 시냅스와 시냅스의 전체 연결 구조를 알아내려는 계획이다. 그렇다면 죽은 뇌의 기능이 아니라 살아 움직이는 뇌의 기능을 알려면 어떻게 해야 할까.

기능을 알려면
차량 통행량을 봐야 한다

기능 뇌 지도는 뇌 속 길 위의 차량 통행량을 보는 것이다. 왜일까? 도로의 역할을 짐작하기 위해서다. 구조 뇌 지도로 길의 모양과 위치를 알아도 길의 쓰임새까지 알기는 어렵다. 공항 가는 고속 도로인지, 산책하는 한강 둔치 길인지 구분이 안 간다. 하지만 그 길 위에 차가 얼마나 많이 다니는지, 심지어 트럭이 많은지 자전거가 많은지 구분해서 보면 용도를 짐작할 수 있다. 우리는 차에 타서 원하는 목적지로 가기 위해 내비게이션을 켠다. 화면에는 가야 할 길의 모양뿐 아니라, 현재 혼잡도까지 함께 표시된다. 혼잡도는 도로 위를 다니는 차량의 대수를 나타내는 양적 지표다. 잠잘 때, 놀랄 때, 기쁠 때, 어려운 수학 문제를 풀려고 집중할 때, 내일 뭐 하지 하고 계획을 세울 때… 이때 뇌 신경의 도로망 중 어디 어디에 차가 많이 다니느냐, 즉 정보가 얼마나 빨리 오가느냐를 보는 게 기능 뇌 지도인 것이다.

통행량으로 어떻게 도로의 기능을 알 수 있을까. 차량 내비게이션에 목적지를 입력한다는 것은 뇌에 특정 역할을 하게끔 자극을 준다는 말과 같다. 예컨대, fMRI 촬영을 할 때 피험자에게 무서운 사진을 보여주면 뇌에서 공포를 관장하는 이곳저곳의 부위들이 동시에 활성화된다. 공포를 담당하는 뇌 부위의 활성화 연결망, 즉 신경회로는 뇌의 공포 기능 뇌 지도가 된다. 활성화란 뉴런끼리 정보를 활발하게 교환한다는 말이다. 도로에 통행량이 늘어나는 개념이다. 대표적인 기능 뇌 지도 작성 장치인 PET는 '혈액 내 포도당(신진대사)' 트럭을, fMRI는 '산소' 자전거를 집중 포착해 촬영한다. 포도당이나 산소의 통행량이 늘어나는 뇌 부위가 더 활발하게 일하는 곳이다. 현대적인 기능 뇌 지도는 살아 있는 뇌가 일하는 장면을 찍은 실시간 동영상이다. 역동적인 현재 정보의 흐름도이다.

살아 있는 뇌의
통신 네트워크를 그려라

현대적 기능 뇌 지도를 보면 살아 움직이는 동물의 뇌 활동 가운데 어느 부위(세포)가 무슨 일을 하는지 파악할 수 있다. 구조 뇌 지도는 죽은in-vitro(실험실 내) 뇌를 갖고도 그릴 수 있지만 기능 뇌 지도는 살아있는in-vivo(생체 내) 뇌를 보고 그려야 한다. 19세기에서 20세기 초 해부학자들과 정신과 의사들은 정신질환을 가진 환자와 그들의 뇌를 오랫동안 관찰하고 치료했다. 그 경험으로부터 해부학자들은 브로드만 지도라는 결과물을 얻었고, 정신과 의사들은 언어를 관장하는 뇌 부위인 브로카 영역과 베르니케 영역 등을 발견했다. 실제로 동작 중인 뇌를 관찰하는 기술과 장비가 발명된 것은 불과 수십 년 전이다. 새로운 기술과 장비는 뇌 우주 탐험의 수준을 크게 끌어올렸다. 발명자들은 줄줄이 노벨상을 수상했다.

이 현대적 장비로 살아 움직이는 동물의 뇌 활동을 관찰하면서 뇌 어느 부위 또는 세포가 무슨 일을 하는지 파악할 수 있다. 기쁠 때, 화날 때 등 특정 정신 상태에서 뇌의 활성화 정도를 컬러 지도로 보여준다. fMRI 지도에서 노랑과

빨간색은 활성화(통행량 증가), 파랑과 초록색은 비활성화(감소 혹은 억제) 부위를 표시한다. 다만, 몇 초 정도 시간적 지연이 있다. 뇌가 작동하고 시간이 좀 지나야 포도당과 산소 공급이 늘기 때문이다. 군부대가 작전을 개시한 다음 식량, 연료 등 군수품 보급이 시작되는 것과 같다. 시간 지체 time delay 없이 실시간으로 뇌에서 방출되는 뇌파와 뇌 자장을 측정·분석하는 EEG, MEG[19]는 이 단점을 보완하면서 기능 뇌 지도를 그리는 대표 기술로 꼽힌다. 하지만 읽어낸 신호를 해석하는 후반 작업이 더 어렵다. 또, 탐침(전극)을 꽂아 뇌 신호를 포착하는 침습적 뇌-기계 중계Brain-Machine Interface, BMI 기술도 있다. 1개 혹은 좁은 범위의 뉴런에서 나오는 전기신호를 측정한다. 뇌에 도청기를 설치하는 작업에 비유된다. 신경 통신망 중간에서 가로챈 모스 부호를 엿들으며 무슨 명령이 오가는지 알아내려는 것이다. 일론 머스크의 뇌 과학 스타트업 뉴럴링크는 2020년 말에 기존의 금속 전극 대신 말랑말랑한 유연 전극을 원하는 뇌 부위에 로봇이 정확하게 이식하는 신기술을 공개했다. 신호 포착 범위는 훨씬 더 넓어지고 수술 후유증은 줄었다. 아마 미

---

19   EEG는 뇌 전도 측정기, MEG는 뇌 자도 측정기

래의 뇌 영상 촬영 기기는 면접에서 면접관들이 우수 후보를 선발하기 위한 보조 도구로 쓰일지도 모른다. 질문을 얼마나 잘 이해하고 대처하는지 뇌 동영상만 보면 알 수 있을 테니까. 기계로 마음을 읽는 디지털 독심술은 아직 SF 영화에나 등장하지만 선구적 브레인테크 기업들은 장기 개발 제품 목록에 올려놓고 있다.

가장 현대적인 뇌 지도, 분자 뇌 지도

구조 뇌 지도와 기능 뇌 지도에 이어 나온 가장 현대적인 뇌 지도는 '분자 뇌 지도'이다. 뇌세포 속으로 더 깊이 파고 들어가 단백질과 유전자 구성까지 보려는 분자 수준의 지도이다. 뉴런을 구성하는 단백질과 그 제조 명령서인 유전자의 종류와 상호 관계를 그리려는 시도이다. 뉴런 1개를 보는 마이크로 지도보다 더 정밀한 나노nano(10억 분의 1) 지도라 할 수 있다. 생물학의 최전선인 시스템생물학systems biology에서 주로 다루는 분야이다. 시스템생물학이란 생명의 구성 요소인 유전자, 단백질, 대사물질 등을 정량적으로 측정하고, 그 상호관계 및 작용을 네트워크 모델로 분석하는 첨단 생물학을 말한다. 단일 세포 내 분자 레벨의 기전[20]을 연구하는 분자생물학과 정보 네트워크를 연구하는 정보학의 결합으로 탄생한 신종 융합 학문이다. 예컨대, 뇌 의학에서는 헌팅턴병·조현병 등 특정 뇌 질환의 허브 단백질 변화를 추적하기 위해 뇌 부위별, 연령별로 뉴런 내 특이 단백질의 연결망 혹은 상호작용 지도를 그리는 연구를 하고 있다.

분자 뇌 지도는 다른 말로 '멀티오믹스multi-omics 지도'라고도 한다. '오믹스'는 단일 개체의 덩어리, 집합을 연구하는 학문이다. 유전자gene 하나하나가 모인 유전체를 지놈genome(혹은 게놈)이라 하고, 그 공부를 지노믹스 genomics(유전체학)로 부른다. 단백질 하나하나가 모인 단백체를 프로테옴proteome이라고 하고, 그 공부를 프로테오믹스proteomics(단백질체학)로 부른다. 세포에는 단백질 말고도 세포 간 신호전달 매개물질인 기름과 설탕 성분도 있다. 기름 덩어리를 지질체脂質體, lipid, 설탕 성분 덩어리를 당糖, glucose 대사체라 한다. 이들은 신체의 신진대사metabolism[21]

20 작동원리. 메커니즘으로 풀이하면 쉽다.
21 생체에 양분과 에너지가 들어오고 찌꺼기는 나가는 입출력 순환과정을 말한다.

를 맡고 있어 대사체metabolome라 하고, 그 공부를 메타볼로믹스metabolomics(대사체학)로 부른다. 군群 연구, 즉 오믹스를 여러 가지 합쳐서 하니까 멀티오믹스 지도란 이름이 붙었다.

뉴런에서 나오는 전기신호, 즉 활동전위는 세포막의 이온 채널이 열렸다 닫혔다 하면서 생긴다. 이 채널은 단백질로 이루어져 있다. 단백질은 그 제조 명령서인 유전자에 의해 합성된다. 또 뉴런 간 신호 전달을 매개하는 화학물질, 즉 신경전달물질은 당과 지질 성분으로 돼 있다.

분자 뇌 지도를 그리려면 유전체, 단백체, 대사체代謝體 등 분자 크기의 물질 구성과 변화를 관찰할 수 있는 최첨단 전자현미경 기술이 필요하다. 극소량의 시료에서 단백체, 대사체의 질량을 양적으로 측정하고, 다시 뉴런 안에서의 공간적 분포 혹은 시간적 변화 패턴을 시각화해야 한다. 뉴런의 단백체·유전체·대사체 분석은 뇌 과학의 최전선으로, 가장 경쟁이 치열한 분야이다. 특수한 빛을 쬐면 보고 싶은 표적 단백체만 형광색으로 밝게 빛나도록 유전자를 조작하는 광光유전학optogenetics도 1990년대 말 새로 가세한 신기술이다.

3

미래의 뇌 지도를 향하여

미래 뇌 지도 작성에 선진국이 돈과 인재를 집중시키는 이유는 무엇일까? 우선 의·약학적으로 치매, 뇌전증 등 각종 뇌 질환 치료에 필요한 신약 개발에서 생체 내 변화를 검출할 수 있는 측정 수단, 즉 생체 표지자biomarker로 뇌 지도가 가장 효과적이기 때문이다. 쉽게 말해 새로운 뇌 치료약을 만든 다음, 이를 임상 실험할 때 그 약효를 확인하는 데 뇌 지도를 관찰하는 것보다 더 싸고 신속한 방법을 찾기 어렵다는 것이다. 또 뇌 과학의 산업화[22]에 뇌 자극 등 신기술을 적용할 때 위험성을 줄이고 효과를 확인하는 데도 유용하게 사용될 전망이다.

　미래 뇌 지도의 접근법은 인간 뇌 신경세포망 전체를 세밀하게 그리려는 커넥톰 지도와 뇌의 각 부분을 규모별로 통합해 보려는 통합 뇌 지도로 크게 나뉜다.

커넥톰

커넥톰connectome 지도는 뇌 속의 뉴런, 한 개의 신경세포가 다른 신경세포와 어떻게 연결되는지를 보는 마이크로 뇌 지도의 끝판왕이다. 죽은 뇌의 한 조각을 초정밀 다이아몬드 칼로 극도로 얇게 수천, 수만 번 잘라 그 한 슬라이스를 전자현미경으로 보고 사진을 찍는다. 이 사진을 수천, 수만 장 쭉 연결하면 뉴런과 뉴런, 시냅스와 시냅스가 어떻게 입체적으로 연결되는지 볼 수 있는 3차원 지도가 된다. 미국의 국가 뇌 과학 프로젝트인 '뇌 과학 주도권'에서 진행 중이다. 이는 뉴런 단위의 마이크로 신경회로도인 셈이다. 회로도 작성 작업은 1986년 뉴런 개수가 적어 비교적 그리기

22　신경마케팅neuromarketing이라고 한다.

쉬운 예쁜꼬마선충부터 시작해 2016년 유령멍게를 포함한 2개 종의 하등 동물에서 완성했다. 최근 미국의 알렌 뇌과학연구소는 1mm³ 크기의 생쥐 뇌로부터 2PB(페타바이트) 용량의 이미지 파일을 수집해 나노 스케일 커넥톰을 그릴 발판을 마련하기도 했다.

미국 정부 차원에서는 국립보건원NIH이 워싱턴대·미네소타대·영국 옥스포드대 등 11개 기관과 함께 손잡고 '휴먼 커넥톰 프로젝트'를 추진 중이다. 뇌의 뉴런 네트워크를 모두 그리기 위해 비침습적 뇌 영상촬영 장비인 MRI, DTI[23] 등을 활용해 1200명의 피험자를 대상으로 방대한 양의 데이터를 구축하고 있다.

통합 뇌 지도

차세대 뇌 지도의 또 다른 테마 중 하나는 '통합'이다. 그동안 매크로(뇌 전체)-메조(뇌 일부)-마이크로(뉴런)의 각 규모별로 따로 보던 것을 한눈에 보거나, 구조·기능·분자 뇌 지

---

23   확산텐서영상의 준말로, 대뇌 겉질을 관찰하는 MRI 기법의 하나.

도를 합쳐서 보려는 시도를 말한다. 통합Unified 뇌 지도 혹은 복합 모드Multi-Modal 생체 뇌 영상 시스템이라고 한다. 하지만 방대한 데이터베이스DB의 축적, 서로 다른 규격의 영상 이미지 하드웨어와 소프트웨어를 하나로 통일하고 동일시간으로 정렬시키는 영상 정합registration 등 산적한 과제를 해결해야 가능한 어려운 목표이다.

통합적 시각을 가지려 노력하는 이유 중 하나는 그동안 과학자들이 뉴런의 구조와 분자 구성을 알면 그 기능도 짐작할 수 있을 것으로 여겼지만 정서적 반응, 의사 결정 같은 고위 뇌 기능에 관련된 뉴런의 종류도 아직 제대로 판별되지 않았기 때문이다. 뉴런의 세포 타입은 구조-기능-분자 각각의 차원에서 정의할 수 있는데, 이 3가지가 일치해야 같은 뉴런이라고 볼 수 있다. 뉴런이 발현하는 유전자의 표현형이 구조와 기능으로 나타나는데, 특정한 구조는 특정한 기능을 갖기 위한 물리적 토대가 된다. 즉, 유전자가 뉴런의 구조를 결정하고 그 구조는 해당 기능을 가장 잘 수행하도록 짜여진다는 것이다. 뉴런의 기능을 잘 알려면 뉴런의 구조를 이해해야 하고, 뉴런의 구조를 알려면 뉴런 안의 유전자와 그 유전자가 만드는 단백질 분자의 구성도 잘 이해해야 한다는 결론이다.

한국판 통합 뇌 지도는 살아 움직이는 생쥐 등 소동물의 뇌 전체 구조·기능·대사 정보를 동시에 촬영하는 '멀티모달 생체 뇌 영상 시스템'이란 이름으로 2026년 완성을 목표로 개발되고 있다. 고高자장 MRI 장비를 토대로 PET, 광학 이미징 기술까지 결합하려는 세계 최초의 시도이다. 마취·수면 상태 동물이 아니라 측정 장비 안에서 활동 중인 뇌의 생생한 영상을 다원 기법으로 촬영함으로써 치매 등 뇌 질환 치료, 감정과 의사 결정 등 고등 인지 기능 연구에 돌파구를 여는 것이다. 각자 따로 추진해왔던 미래 지도를 하나로 통합하는 실험이 과연 성공할 수 있을지 주목된다.

CHAPTER 3

무너진 우주

광대한 뇌 우주가 무너진 현장을 보셨나요?
이 대참사는 어디서 시작됐을까요? 긴급 출동한
우주병원선의 선장이 최초 균열을 찾는
건축 구조 진단사처럼 뇌 질환의 첫 발생 장소와 전파
경로를 역추적하고 있습니다. 처음 실금이 생긴 취약
부분에 어떤 힘이 작용해 틈새가 더 벌어졌고, 균열은
어디로 번져갔는지, 어느 곳을 보강하면 최악의
완전 붕괴를 막을 수 있을지 주의 깊게 살펴보고 있습니다.

우리 히치하이커들은 삐뽀삐뽀~, 사이렌을 울리며
질주하는 뇌 의·약학 우주선에 재빨리 올라타고
의사·약사·간호사의 뒤를 따라 보수 공사 현장을 누빌
겁니다. 뇌 우주 붕괴의 양상은 매우 다양해요. 1장에서
소개했지만, 이 분야에서 최고 권위를 인정받는 미국
심리학회의 '정신질환 진단 및 통계 매뉴얼 5차 개정판'은
정신질환의 종류를 20개 챕터로 분류해놓고 있죠.
조현병, 양극성 장애, 우울 장애, 강박 장애, 섭식 장애,
성기능 부전… 게다가 여기엔 뇌졸중 같은 물리적 손상은
들어가 있지도 않아요. 이번 탐험은 치매·파킨슨병·
조현병·자폐증·중독처럼 뇌 의·약학 우주 여행 코스에서
가장 활발하게 사전 답사가 이루어져 고장의
원인과 수리법이 비교적 알려진 길만 돌아볼 예정이에요.

1

우주 대붕괴

무너진 뇌 우주에서 가장 큰 대형 붕괴 현장은 바로 알츠하이머병이라고 불리는 퇴행성 뇌 질환의 발병일 것이다. 뇌전증, 조현병, 자폐증 같은 다른 붕괴 사고도 알츠하이머 현장 근처에서 시작되지 않나 의사 선장들은 의심하고 있다. 따라서 이 장은 알츠하이머에 대한 내용으로 시작한다. 나머지 뇌 우주의 소형 붕괴 현장은 심리학 선장들이 찾은 곳만 해도 20군데나 되지만 그 가운데 파킨슨병, 조현병, 자폐증, 뇌전증, 그리고 각종 중독과 공황장애 등 주변에서 가끔 볼 수 있는 이웃 동네 근처까지만 구경 가본다.

좀비가 된 단백질

치매dementia는 대표적인 퇴행성 뇌 인지 질환이다. 언어·행동·사고, 즉 인지認知 기능의 후천적 쇠퇴와 손상이 영구적 인격의 변화를 초래하는 광범위한 뇌 손상을 뜻한다. 기억을 잃어가며 평생 쌓아 올린 인격 자체가 무너지고, 결국 주변의 사랑하는 사람들에게도 낯선 이방인으로 변하는 무서운 병이다. 신체 노화에 따른 노망老妄은 늙어서 정신이 흐려지는 자연 현상인 반면, 치매는 병리학적 질환으로 분류된다. 정서 장애, 기억력과 언어 구사 능력 감소, 생리 조절의 어려움 등이 일반적 증상이다. 이밖에 편집증적 사고, 우울증이나 인격 장애, 공격성 등 정신의학적 증세가 동반되기도 한다.

의학계는 치매를 알츠하이머병, 노인에 주로 나타나는 노화 치매, 뇌에 혈액이 원활하게 공급되지 않아 발생하는 혈관성 치매, 알코올·약물 과다 섭취에 따른 중독성 치매, 드물게 청소년기의 유전적 열성인자 치매 등으로 분류하고 있으나 아직 정확한 원인과 치료법은 밝혀지지 않았다. 전체 치매의 70%는 알츠하이머성 치매이다. 상황이 이러하니, 전 세계의 뇌 의학 수리선들이 알츠하이머 붕괴 현장에

총집결한 건 어찌 보면 당연하다 하겠다.

알츠하이머를 앓는 환자는 초기에는 정신 능력의 퇴화를 보이지만 말기에는 환자의 뇌가 쪼그라들어 두개골에 빈 공간이 생길 만큼 외형적 변화를 나타낸다. 뇌의 수축은 뇌 조직, 작게는 뉴런의 죽음에서 비롯된다. 1907년 독일의 의사 알로이스 알츠하이머 박사가 병원에서 기억력 상실과 이상 행동을 보였던 노인 환자가 사망한 뒤 뇌를 해부해봤더니 뇌신경 다발이 껌처럼 진득하게 뭉쳐 있는 걸 발견했다. 의학용어로는 신경반neurotic plaque, 신경섬유 다발 neurofibrillary tangle이라 부르지만 일종의 쓰레기라고 보면 된다. 껌처럼 끈적끈적하거나 실타래처럼 단단하게 뒤엉킨 모양이다. 자세히 봤더니 뉴런 안의 타우(τ), 뉴런 밖의 아밀로이드 베타(A-β)란 단백질이 덩어리져 좀비처럼 변한 것이었다. 흔히 아밀로이드 베타 플라크, 타우 탱글이라 부른다. 플라크는 치석의 플라크와 같은 의미다. 이 '좀비'가 많아지면 점점 더 많은 뉴런이 죽으면서 생각하는 능력, 기억하는 힘이 떨어지는 현상이 나타났다. 암세포가 주변 정상 세포를 암세포로 바꾸며 증식하듯, 타우와 아밀로이드 베타 단백질은 보통 때는 정상적으로 활동하는데 어느 순간 좀비로 변해 점점 퍼지면서 뉴런을 죽이는 괴물이 된다.

과학자들과 의사 선장들은 정상 단백질이 왜, 언제, 어떤 순서로 좀비가 되는지 연구하느라 수십 년 동안 뇌 우주를 헤매고 다녔다. 이처럼 뉴런 파괴에 초점을 맞추는 것은 '뉴런 중심주의'에 입각한 연구라고 할 수 있다.

뉴런 중심주의, 뇌는 뉴런이다

분자생물학에는 센트럴 도그마central dogma(중심원리)라는, 일종의 헌법과도 같은 법칙이 있다. 생명체의 유전 정보가 DNA-RNA-단백질의 순환 경로를 통해 발현된다는 것이 그 내용으로, 1958년 프랜시스 크릭이 처음 주장했을 때만 해도 가설에 불과했다. 하지만 훗날 이 선구적 예언은 사실로 확인됐고, 종국에는 분자생물학이란 학문의 탄생으로 이어졌다. 불과 수십 년 된 현대 뇌 과학의 탄생 과정도 비슷하다. 그리스, 로마, 르네상스기의 해부학 지식 축적에 이어 생물의 몸 안에 전기가 흐른다는 '신기한' 사실(생체 전기현상)이 18세기 전기생리학으로 불붙으면서 서서히 뇌의 전기신호에도 주목하게 되었다. 19세기 말과 20세기 초에 걸쳐 해부학자 카밀로 골지가 맨눈으로 뉴런의 줄기와 가

지도 볼 수 있을 만큼 선명한 '골지 염색법'을 발명해 뉴런의 외형적 실체가 확인됐다. 이어 또 다른 해부학자 라몬 카잘도 골지 염색법으로 수많은 동물의 뇌를 관찰한 결과, 뉴런이 뇌의 기본 구성단위라고 선언하면서 뉴런주의neuron doctrine의 막을 열었다. 두 사람은 노벨상을 받았다. 20세기에 들어 뉴런에도 전기가 흐른다(활동전위), 화학물질로도 소통한다(신경전달물질) 등등 새로운 발견은 이어졌고 뉴런 연구는 노벨상의 텃밭이 되었다.

과학자들은 '뇌 연구=뉴런 연구'라고 생각하게 됐고, 뇌 과학과 신경neuro 과학은 동의어가 됐다. 어찌 보면 당연했다. 뉴런은 다른 신체 기관의 세포에서는 찾아볼 수 없는 독특한 구조와 기능을 갖고 있었으니까. 내부에서 자체적으로 전기·화학 신호를 만들어내고 이를 순식간에 이웃으로 전달하는 능력은 뉴런만의 '슈퍼 파워'였다. 뇌 우주의 80퍼센트를 구성하는 비非신경세포, 글리아는 잠시 관심 밖으로 사라졌다. 이어지는 장에서 오랫동안 과학자들의 관심을 독차지해온 뉴런에 대해 좀 더 자세히 알아보자.

2

뉴런의 일생

우리의 뇌는 태어나 자라고 성숙해진 다음, 이윽고 시들어 죽는다. 뇌의 황태자 뉴런도 마찬가지다. 뇌에는 비신경세포, 글리아가 훨씬 더 많지만, 그래도 뉴런은 형제가 1000억 명이나 된다. 뇌가 태어날 때 한꺼번에 1000억 개의 뉴런이 형성돼 다른 세포와 달리 재생되거나 새로 만들어지지 않고 그대로 유지되다가 노년기에 약해져서 결국 사멸에 이른다는 게 그동안 학계의 정설이었다. 그러나 해마 등 일부 영역에서 뉴런이 새로 탄생하는 현상이 최신 연구에서 확인되기 시작했다. 그래도 이는 어디까지나 예외적인 현상일 뿐, 뉴런은 더 늘어나지 않기 때문에 시들어 사멸하지 않도록 잘 보존해야 한다고 뇌 우주 병원선 선장들은 여전히 믿고 있다.

뉴런은 태어난 직후부터 2살이 될 때까지 미친 듯이 이웃의 어린 뉴런들과 빠르게 악수를 한다. 손을 잡는다. 뉴런 인맥을 구축한다. 그리고 그 가운데 자주 만나는 친구를 빼고는 절반과 헤어진다. 다시 사춘기에 접어들 무렵 이번에는 좀 더 고상한 철학, 논리학, 종교학 전공의 고학력 친구들과 또 사귀기 시작한다. 이 관계 역시 25~30살 무렵 성인이 될 때까지 상당 부분 정리가 된다. 성숙한 뉴런은 이제 확실한 인맥을 구축했다. 굵고 단단한 인맥이다. 이제 만나는 친구를 보면 그가 어떤 뉴런인지 정체를 파악할 수 있다. 하지만 죽을 때까지 친구가 불변인 것은 아니다. 사회생활을 하며 새 친구가 추가되기도 하고, 옛 친구와의 사이가 멀어질 수도 있다. 큰 틀의 교우 관계는 유지되지만 작은 변화는 끊임없이 계속된다. 나이가 들어 뉴런이 자연적으로 시들면 어쩔 수 없지만, 때론 이른 시기에 병에 걸려 많은 인맥을 잃어버리기도 한다. 뉴런의 인맥이 소실되면 뇌는 정상적으로 작동하지 못하고, 우리의 신체와 마음도 흔들리게 된다. 뇌 우주 붕괴의 비극이 시작되는 것이다.

어린 뉴런은 연결하고 싶다

뉴런과 뉴런은 시냅스라는 접합부를 통해 연결된다. 시냅스는 세포 간 좁은 틈이지만 사실 너무 좁아 성능 좋은 현미경으로 간신히 확인할 수 있을 정도이다. 붙어 있느냐 떨어져 있느냐는 인간 감각에 따른 표현의 차이일 뿐이다. 우리가 단단하다고 믿는 금속도 전자현미경으로 보면 원자들 사이에 넉넉한 빈 공간이 있으니까. 어쨌든 시냅스는 뉴런 간 연결 부위, 교차로crossroad라고 생각하면 된다.

아기 뇌의 뉴런 수는 성인 뇌의 뉴런 수와 똑같다. 1000억 개, 정확하게는 860억 개가량의 뉴런을 갖고 태어나 죽을 때까지 이 숫자가 쭉 유지된다. 그러나 시냅스의 개수는 극적인 변화를 겪는다. 시냅스는 아기가 엄마 배 속에 있을 때 몇 개 되지 않다가 폭발적으로 늘어나기 시작해 2살 때 절정에 달한다. 놀랍게도 1초에 200만 개씩 새로 생긴다. 세상에 어떤 교차로가 이렇게 빨리 건설될까. 올림픽 폐막식 날에 메인 스타디움을 가득 채운 관중이 옆 사람의 손을 잡고 거대한 인간 띠를 만드는 장관을 떠올려보라. 연결, 연결, 연결! 뉴런은 마치 연결하려고 태어난 천재 정치인처럼 미친 듯이 옆 사람과 악수를 한다. 어깨동무를 한다. 그 이후 절반이 될 때까지 조금씩 줄어들다가 12살 넘어 사춘기 들어 다시 한번 시냅스 개수가 확 늘어난다. 그리고 다시 줄어드는 과정이 반복된다. 이렇게 불필요해진 시냅스를 제거하는 과정을 '시냅스 가지치기'라고 한다. 이윽고 성인이 되면 시냅스는 전성기 시절의 절반밖에 남지 않는다.

내가 머릿속 도로망의 공사 담당자라고 가정하자. 텅 빈 땅에 도로를 1000억 개 건설한 다음, 도로끼리 모두 연결해 놓는다. 2년 후 별로 통행량이 많지 않은 교차로부터 걷어내기 시작한다. 30년이 지나면 원래 건설했던 교차로의 절반만 남는다. 모든 도로가 서로 연결되던 사통팔달의 교통망에서 자주 다니는 도로끼리만 튼튼한 교차로로 연결하는 핵심 도로 교통망으로 정비하는 것이다. 첫 2년 동안은 신설 공사만 하고, 이후로는 천천히 철거 공사만 하는 셈이다. 이게 뭐야? 아주 비효율적인 방식 아냐? 교통 수요 예측을 잘해서 처음부터 통행량이 많을 만한 교차로만 건설해도 되잖아? 이런 생각이 들 것이다.

미국 스탠포드대 신경과학과 교수 데이비드 이글먼은 이같은 인간의 뉴런 연결 방식을 '생후 배선live-wired'이라고 표현한다. 태어난 후 신경망을 연결한다는 이야기다. 다른 동물들은 '고정 배선' 방식이다. 회로circuit의 전선이 다

연결된 상태로 세상에 나온다. 물고기, 새, 개와 고양이 등은 태어나기 전부터 뉴런 연결망이 다 완성돼 있다. 본능, 반사적 행동, 타고난 습성… 이게 다. 물론 인간도 유전적으로 어느 정도는 고정 배선된 채로 태어난다. 막 태어난 아기들도 호흡을 하고 체온을 유지하며, 빨기·쥐기·걷기 반사 같은 반응을 보이는 까닭이다. 이는 동물처럼 생명 유지에 필요한 최소한의 DNA 고정 장치에 해당한다. 그러나 기본 배선 외에 세부 배선은 태어난 후 살면서 이루어진다. 우리는 핏덩이로 태어나 생후 수개월 간 시각·청각·후각·미각·촉각의 오감 적응 훈련을 한다. 외부의 감각 정보를 뇌가 제대로 처리하려면 엄청난 뉴런 교차로의 신설 공사가 필요하다. 엄마와 눈 맞추기, 웃거나 찌푸린 표정 따라 하기, 옹알거리며 말 흉내 내기 등을 거쳐 1~2살 때 팔다리를 흔들며 걸음마를 할 때까지 정교한 신체 제어를 위해서도 수많은 새 시냅스들이 빛의 속도로 만들어져야 한다. 배선이 완성되지 않은 상태로 세상에 나와 주변 환경의 자극을 받으며 나머지 뉴런의 연결망을 짜는 생후 배선 방식은 외부 변화에 유연하게 대처하는 데 유리하다. 혹독한 추위의 북극에서 작렬하는 열사의 사막까지 인류가 지구의 폭넓은 기후대에 분포하며 살게 된 데는 이런 적응력이 한몫했다 하겠다.

뉴런의 성숙, 사회적 뇌 만들기

0~2세 사이에 초당 200만 개의 맹렬한 속도로 뉴런 교차로를 건설하던 뇌는 이후 안 쓰는 교차로 철거 작업에 열중하다가 또 한 번 대규모 증설 시기를 맞는다. 앞서 설명했듯 바로 유아·아동기가 끝나고 사춘기에 접어들기 직전이다. 12살 전후로 뇌의 고등사고 부위에서 제2의 시냅스 빅뱅이 일어난다. 이 시기 우리의 뇌는 또 뉴런 교차로를 과잉 생산하기 시작한다. 구체적으로 안쪽 앞이마엽 겉질mPFC[24]과 안와 이마엽 겉질OFC[25]이라는 곳이다. 2장 '우주 지도'에서 가봤지만 이마엽은 언어·운동·감정과 논리적 사고를 담당하는 뇌의 앞쪽 부분이다. mPFC는 그 이마엽 중에서도 가장 앞쪽에 해당한다. 특히, 뇌 안쪽으로 밀려들어간 mPFC 부위는 해마의 편도체, 뇌줄기와도 연결된다. 삼위일체의 뇌(3중뇌)에서 배운 파충류의 뇌(뇌 줄기)-포유류의 뇌(변연계)-인간의 뇌(겉질)가 모두 만나는 통합 컨트롤타워인 셈이다. 마음이 감정과 몸을 다스리는 곳이라고 할까. mPFC

---

24   내측 전전두엽 피질medial Prefrontal cortex
25   안와전두피질orbitofrontal cortex

가 타인에 대한 공감, 감정의 조절을 관장하는 까닭에 '확장된 변연계extended limbic system'라고 부르는 학자도 있다. 쉽게 말해 '사회적 뇌'이다. 나는 누구인가 하는 자기 정체성혹은 자의식부터 시작해서 타인의 감정과 의도를 파악하는 공감 능력, 감정 조절과 집중력, 미래를 예측하고 판단하는 의사결정, 창의력까지 가장 높은 수준의 인간 정신을 조절한다. 여기가 고장 나면 주의력 산만, 시간·공간의 비조직화, 정서 반응 결여, 판단력 부족 등 사회성에 문제를 일으킨다. 자폐성 장애, 사이코패스도 mPFC의 기능 이상에서원인을 찾는 전문가들이 많다.

OFC는 눈에서 안쪽으로 5cm 정도 들어간 위치의 이마엽 아래쪽 부위이다. 감각정보 통합 등 다른 기능도 있지만 가장 중요한 것은 절제력 혹은 충동 조절이다. 역시 해부학적으로 편도체 등 변연계와 연결돼 감정 처리에 영향을미치지만, 주로 폭력·공격성 등을 자제하는 사회적 감정 중추로 기능한다. 보상과 처벌, 즉 자신의 행동이 초래할 결과에 대한 가치 판단을 통해 적절하게 스스로를 통제하는 브레이크 역할을 한다. 자아를 향한 '감시 체계'라고나 할까.OFC 덕분에 우리는 타인과의 사회생활에 적응하고 시간과장소에 맞는 행동을 하며 동물적인 충동을 조절할 수 있다는 뜻이다.

결론적으로 청소년 시절 사춘기로 접어드는 초기에 이 2가지 부위에서 시냅스가 폭증하면서 사회적 자아와 인격이 완성될 토대가 만들어진다. 그리고 성인이 될 때까지 약 10년간 또 한 번 신경학적 가지치기가 진행된다. 사회적 뇌도 자주 이용하는 뉴런 교차로만 남기고 전체 연결에서 불필요한 시냅스를 걷어낸다. 이 기간 동안 10대 청소년의 뇌 mPEC의 부피가 매년 1퍼센트씩 감소할 정도로 제거 속도가 빠르다. 시냅스의 총 개수는 줄어드는 대신 남은 연결망의 시냅스는 더 굵고 강해진다. 나의 사회적 자아가 뚜렷한 개성을 띠기 시작하는 것이다.

텅 빈 백지에 글쓰기와
대리석에서 조각상 깎아내기

뉴런의 외형은 나무처럼 긴 줄기와 잔가지를 뻗은 모양이라고 2장 '우주 지도'의 '가까이서 보기'에서 대강 설명했다. 뉴런은 왜 가지를 뻗는가. 다른 뉴런과 연결하고 싶어서다. 연결은 뉴런의 생명이요, 존재 이유이다. 아까 뉴런의 도로 연결망, 시냅스 교차로를 유아기 0~2세와 청소년기 12세 전후 시기에는 건설만 하고, 그 이후에는 폐쇄만 하는 것처럼 묘사했는데 사실 건설과 파괴는 동시에 일어난다. 만들면서 없애는 것이다. 자주 쓰는 교차로는 확장 혹은 신설되고, 안 쓰는 교차로는 사라진다. 시냅스 수의 증가와 감소는 학습의 원인이 아니라 결과이다.

중세 신학자와 영국의 경험론자들은 인간의 마음을 백지 상태의 종이라고 주장했다. '텅 빈 서판tabula rasa, blank slate' 이론이다. 태어날 때 아무것도 쓰여 있지 않은 종이(뇌)에 글자(경험)를 적어 넣으면 책(인간)이 된다고 생각한 것이다. 배움, 학습, 후천적 노력, 자유의지를 강조하는 근대 인간관의 탄생이다. 그 대척점에는 하느님이 주신 천성, 현대식으로 말하면 부모에게 물려받은 DNA의 불변성, 선천적 자질과 성품, 숙명론을 믿는 중세 혹은 신新중세적 인간관이 있다. 타고 나느냐(선천성, nature) 혹은 양육되느냐(후천성, nurture)는 생물, 심리학, 신경과학 같은 자연과학뿐 아니라 철학, 신학, 법학, 경제학 등 인문사회과학에서도 영원한 논쟁거리이다. 어쩌면 타고난 DNA 고정 배선의 기본 설계도 위에 세부적인 밑그림을 덧붙이는 생후 배선의 합작으로 전체 그림은 완성돼 가는 게 아닐까.

하지만 두 차례의 시냅스 가지치기라는 해부학적·물리적 변화를 생각해보면 텅 빈 종이에 글자 써넣기보다는 대리석 덩어리에서 원하는 형태를 깎아내는 조각에 가깝다고 볼 수 있다. 돌덩어리에서 불필요한 부분을 끌과 망치로 제거하면 원하던 조각상이 나오지 않는가. "나는 다만 돌 속에 들어가 있는 천사를 끄집어낸 것일 뿐"이라고 미켈란젤로는 말했다. 1000억 개의 뉴런이 개당 1만 개의 가지를 뻗어 1000조 개의 빽빽한 시냅스 원시림을 창조해놓으면 우리는 경험과 학습을 거듭하면서 그 가운데 절반을 솎아내 또렷한 자기만의 숲을 가꾸는 것이다.

나이 든 뉴런

뉴런은 나이가 들어도 교차로 공사와 철거를 멈추지 않는다. 다만, 2번의 시냅스 빅뱅과 대폭 감소의 절정기보다 속도가 느려질 뿐이다. '배움에는 나이가 없다'고 말한다. 성인기에 접어들어서도 우리의 뇌는 계속 변한다. 유아기와 청소년기처럼 극적인 변화는 아니지만 뉴런의 연결은 꾸준히 늘어나기도, 줄어들기도 한다. 이처럼 플라스틱 같은 유연성을 뇌의 가소성이라 한다. 성인 뇌의 가소성을 입증한 런던의 택시 운전사 뇌 실험은 과학사에서 유명한 실증 사례이다.

런던의 택시 기사 자격증을 따고 싶은 지원자는 이리저리 꼬불꼬불 뒤엉킨 뒷골목 길까지 훤히 알고 있어야 한다. 시내를 가로지르는 320개의 주요 경로, 2만5000개의 도로, 2만 곳의 목적지를 모두 외워야 한다. 준비에 4년이 걸린다고 할 만큼 영국에서 가장 악명 높은 기억력 테스트로 꼽힌다. 런던 유니버시티 칼리지 신경과학팀은 여러 명의 택시 운전사 뇌를 촬영해본 결과, 대조군(일반인)에 비해 해마의 뒷부분이 커져 있는 것을 발견했다. 경력이 길수록 해마의 변화도 더 컸다. 해마는 기억력, 특히 공간 기억을 처리하는 뇌의 부위이다. 연구팀은 택시 기사들의 해마 부피 차이가 개인의 타고난 신체 특성이 아니라 공간 기억 강화의 후천적 학습에 노출된 결과라고 결론 내렸다. 우리는 나이가 들어도 꾸준히 뉴런의 연결망을 재조정하면서 변화하는 환경에 나를 맞추어나간다. 이를 멈추는 순간 '머리가 굳었다' 소리를 듣는 꼰대로 변해버리는 건 아닐까.

비록 가소성은 유지하지만 뉴런도 세월의 경과와 함께 늙어간다. 100세 시대를 맞아 뉴런 역시 과거보다 훨씬 더 평균 수명이 늘어났을 것이다. 하지만 몸의 다른 세포들처럼 뉴런 역시 노화의 과정을 멈출 순 없다. 영양분을 받아들이고 노폐물은 배출하는 능력이 서서히 떨어지면서 고사枯死하기 시작한다. 뉴런의 죽음에 영향을 주는 요인은 수없이 많다. 알츠하이머병을 포함한 치매 등 퇴행성 뇌질환은 이 과정을 가속화시킨다. 뉴런들은 더 빨리, 더 한꺼번에 집단 자살하는 것처럼 보인다. 고령사회로 접어들면서 전 세계 치매 연구자들은 뉴런 사멸의 기전 규명에 본격적으로 매달렸다. 왜 죽기 시작하는지, 어떻게 죽어가는지, 이를 중단시키거나 되돌릴 방법은 없는지를 알고 싶었다. 점점 늘어나는 치매 환자들을 진단·치료·예방하려면 원인과 진행 순서 파악이 필수였다.

치매의 원인을 찾아서,
아밀로이드 베타·타우 단백질 쓰레기?

다시 알츠하이머병 얘기로 돌아오자. 최근 뇌 병원선 선장들은 뉴런 안팎의 아밀로이드 베타·타우 단백질 뭉침에 주목했던 알츠하이머병의 전통적인 연구에서 벗어나 조금씩 다른 길을 찾으며 치매 정복의 길을 다양하게 개척하고 있다. 뉴런에 초점을 맞춘 기존의 연구부터, 글리아를 중심으로 새롭게 부상하는 연구까지 차례로 살펴보자.

Ⓐ 다수설

뉴런을 죽이는 1번 범인으로 꼽힌 후보는 아밀로이드 베타 단백질 쓰레기이다. 2번 용의자는 타우 단백질 쓰레기이다. 앞에서 우리가 아밀로이드 베타 플라크, 타우 탱글이라 배운 뉴런 안팎의 독성 쓰레기들이다. 죽은 알츠하이머병 환자의 뇌 부검에서 공통으로 관찰된 병변[26]이었기 때문에 의사들은 두 종류의 찌꺼기가 치매의 주원인이라고 믿었다. 이 쓰레기가 왜 생기고, 어떻게 생기는지 알기 위해 온갖 노력을 기울였다. 복잡한 화학적 변화 과정을 빼고 간단하게 설명하면 이렇다. 아밀로이드amyloid는 여러 개의 단백질이 섬유 모양을 형성할 수 있는 단백질 응집체를 말한다. 아밀로이드 전구체 단백질APP을 베타 세크레타제 효소가 분해

---

26   병변病變, lesion은 '장애'란 뜻의 의학용어

해서 아밀로이드 베타(A-β)를 생성하기 때문에 이런 이름이 붙었다. 아밀로이드 베타는 뉴런 밖에서 잘못된 형태로 덩어리(플라크)져서 독성을 띠며 뉴런사死를 유도한다. 한편, 타우 단백질은 평소 뉴런 안에서 액체 상태로 세포내골격microtubule(미세소관)에 붙어 세포 구조를 안정시키는 역할을 한다. 하지만 세포내골격에서 떨어져 나가면 단백질 응집을 일으켜 고체로 변하고 타우 탱글을 형성해 결국 뉴런을 죽게 만든다고 알려졌다.

과학자들은 알츠하이머병 환자들의 뇌 속에서 발견된 다발성多發性 병변과 초로성初老性 반점의 구성 물질인 이 두 종류의 독성 찌꺼기들을 뉴런의 살해 용의자로 지목하고 지난 수십 년간 발생 원인과 치료 방법을 찾으려 애써왔다. 하지만 화이자, 로슈, 릴리 등 글로벌 거대 제약사들이 막대한 돈을 들인 임상 실험에서도 원하던 효과를 얻지 못했다. 어렵사리 개발한 10여 종에 가까운 신약들이 미국 식품의약국FDA 승인을 얻는데 줄줄이 실패했다. 세계 최고 인재와 돈을 투입한 보람은 아직 나타나지 않고 있다. 여전히 치매의 특효약은 존재하지 않는다. 뉴런 중심의 기존 치매 연구 방식에 의문을 제기하는 도전자들이 하나둘씩 고개를 들기 시작했다.

Ⓑ 소수설

치매의 원인을 뉴런 외에서 찾는 소수파에도 몇 가지 유형이 있다.

첫째, 뇌세포 중 뉴런 아닌 비신경세포, 즉 아교세포를 연구하는 그룹이다. 글리아glia로 불리는 아교세포의 치매 연구는 가장 유력한 대안 세력이다. 글리아는 뇌 안에서 뉴런보다 훨씬 더 숫자가 많다.[27] 글리아에도 여러 종류가 있지만 그중에서도 별아교세포astrocyte로 불리는 글리아의 숨은 역할이 점차 드러나고 있다. 별아교세포가 그동안 뉴런만 분비하는 것으로 알려져 있던 신경전달물질을 스스로 만들어낸다는 놀라운 사실이 아주 최근에 밝혀졌다. 과학자들은 충격을 받았다. 신경전달물질은 화학적 신호, 그러니까 뉴런과 뉴런을 잇는 시냅스의 소통 도구이다. 그런데, 그동안 뉴런 통신 케이블을 지탱하는 콘크리트나 철근 구조물 정도의 보조 장치로 대수롭잖게 여겼던 글리아, 별아교세포도 '말'을 할 줄 안다는 사실이 처음 확인된 것이다.

---

27   10배나 더 많다는 주장도 있지만 여기서는 8:2, 4배 정도 더 많은 것으로 정리한다.

갑자기 글리아는 뇌 속 통신망의 어엿한 참여자로 신분이 격상됐다. 불과 10여 년 전의 일이다. 글리아 연구는 이제 막 시작이다. 뇌 우주에서 별아교세포의 대활약이 기대된다.

둘째, 지방을 집중 연구하는 그룹이다. 뉴런의 막을 아교로 만든다고 했는데, 세포막 재료에는 지방도 있다. 지방, 즉 기름은 물과 섞이지 않는다. 그래서 지방은 단백질과 함께 몸에서 방수 재료로, 태워서 에너지를 만드는 연료로, 세포막을 쌓는 벽돌로 다양하게 쓰인다. 알츠하이머병뿐 아니라 파킨슨병, 당뇨 등 다양한 질환에서 지방의 잘못된 흐름은 특유의 증세를 발현, 악화시킨다. 몸속의 지방 가운데 콜레스테롤은 세포가 자체 생산하는 기름 벽돌을 말한다. 너무 적거나 많으면 병이 생긴다. 외부에서 먹어서 섭취한 지방의 경우, 우리의 몸은 이 지방을 몸 구석구석 실어나르기 위해 트럭 역할을 하는 단백질과 결합시킨다. 리포Lipo 단백질은 단백질과 지질[28]의 복합 단백질이다. 이렇게 단백질에 지방을 붙인 리포 단백질이 우리 피 속에 많이 녹아 있다. 리포 단백질에서 지방을 뺀 단백질 성분만을 아포apo 단백질이라고 한다. 아포 단백질이 바로 지방을 실어 나

28　지질脂質, lipid은 지방 성분을 말한다.

르는 트럭이다. 트럭에 고장이 나면 아밀로이드 베타가 플라크로 뭉치면서 좀비로 변한다. 트럭의 고장을 진단하려면 뉴런을 유전자 수준으로 더 깊게 파고들어야 한다. 미국의 초일류 병원 메이요클리닉 신경과학팀은 'E형 아포 단백질'의 역할에 주목해 오랫동안 연구를 해왔다. 혈장[29] 안에서 지방을 실어 나르는 아포 E 단백질의 4번 유전자, ApoE 4는 주목받는 유전적 표지이다. 지금은 ApoE 4를 '치매 유전자'로 부를 정도로 깊은 연관성을 찾아내 알츠하이머 정복의 새 루트로 떠올랐다. 아포 E 단백질은 원래 뇌에서 아밀로이드 베타를 청소하는 순기능을 하지만, 4번 유전자에 이상이 생기면 알츠하이머병을 유발하는 가장 강력한 유전적 위험으로 뒤바뀐다.

셋째, 뉴런의 세포 소小기관 네트워크에 주목하는 견해도 있다. 생물 시간에 배웠겠지만 세포 안에는 세포핵, 미토콘드리아, 리보솜, 리소좀 같은 소기관이 있다. 사람 몸 안에 위, 간, 폐 등 장기가 있듯이 세포 안에 있는 작은 내장 같은 것들이다. 핵은 DNA 공장, 미토콘드리아는 에너지 생산 공장, 리보솜은 단백질 생산 공장, 리소좀은 폐기물 처리

---

29   혈액에서 적혈구, 백혈구, 혈소판을 뺀 담황색 액체

공장이다. 이 공장들이 서로 협력이 잘 안 되면 치매가 생긴 다고 생각하는 과학자들이 있다. 뉴런 속으로 들어가 세포 소기관들의 상호 연결망을 보는 미시적인 연구 방법인 셈 이다. 사람이 병이 나는 것은 간처럼 한 군데 장기의 고장 도 원인이지만, 위·장·간 등 여러 장기의 복합 병증에 더 책 임이 크다고 보는 시각이다. 이들은 매우 성능이 우수한 전 자현미경으로 뉴런 속의 작은 기관을 들여다보면서 이들이 어떻게 정상 상태에서 벗어나는지 그 출발과 중간 경과, 종 착점을 찾고 있다. 세포소기관 간의 연락망 붕괴와 불균형 이 세포 사멸로 이어지고 치매로 낙착된다는 생각을 갖고 연구하는 집단이다.

넷째, 뇌 구조물에서 결함을 찾는 거시적 연구이다. 뇌 척수액이 뇌 속 노폐물을 씻고 흘러나가는 하수도가 망가 지면 치매로 연결된다는 견해이다. 뇌가 3겹의 막(뇌막)으 로 포장돼 있는 광경은 2장에서 보았다. 제일 바깥쪽 뇌막, 즉 경질막에 림프관이 존재한다는 사실은 오래전부터 과학 자들이 알고 있었다. 그런데, 뇌막 림프관이 하수도 역할을 한다는 새로운 사실이 2019년 세계 최초로 확인됐다. 뇌 하 수도의 노화 과정을 생생하게 관찰한 논문이 『네이처』에 실 렸다. 뇌 하수도란 뇌 하부 뇌막 림프관을 말한다. 연구팀은 경질막의 위쪽이 아니라 아래쪽의 림프관을 봤다. 그리고 여기서 하수도 기능을 발견한 것이다. 뇌 하부 뇌막 림프관이 뇌의 하수도라는 결론은 몇 가지 구조적 특징에서 나왔다. 뇌 상부 뇌막 림프관이 지퍼라면 하부 뇌막 림프관은 단추였다. 훨씬 여유 공간이 넓어서 뇌척수액이 드나들기 좋았다. 또 하나 결정적 증거는 판막이 있다는 것이다. 판막은 역류 방지 장치이다. 뉴런의 타우 탱글, 베타 아밀로이드 플라크 찌꺼기를 씻어낸 뇌척수액이 한 방향으로 흘러 뇌 밖으로 빠져나가도록 한다. 연구팀은 노화에 따라 뇌 하부 뇌막 림프관의 벽이 허물어지는 등 제 기능을 못하게 되면 뉴런 쓰레기가 뇌 안에 쌓이고 결국 치매에 이르게 된다는 결론에 도달했다.

네 군데 모두 가보고 싶지만, 이어지는 탐험에서는 지금까지의 뉴런 중심 우주관에 반기를 들고 치매 연구의 새 역사를 개척 중인 글리아 우주선에 타보자.

3

뉴런 말고 글리아!

주류 치매 연구의 도전자 중 가장 과감한 시각은 아예 뇌 과학의 '뉴런 원칙'을 버리고 교膠세포(아교세포)에서 새 길을 발견하려는 연구이다. 사실 뇌에 뉴런은 20퍼센트밖에 안 되고, 80퍼센트 이상은 아교세포, 즉 글리아glia라는 비신경 세포로 꽉 차 있다. 여러분은 풀보다 더 끈끈한 본드로 물건을 붙여보았을 것이다. 동식물의 천연 본드가 아교이다. 영어로 글루glue라고 하는데, 글리아와 어원이 같다.

아교세포는 말 그대로 뉴런의 세포막을 만드는 접착 재료로 쓰인다. 인간 뇌의 대부분은 별아교세포, 미세아교세포, 희소돌기아교세포 등 다양한 아교세포로 이뤄져 있다. 뉴런보다 숫자가 훨씬 많음에도 불구하고 인간 고등사고의 원천인 뉴런과 달리, 글리아는 그동안 뉴런을 둘러싼 부속 물질 정도로 여겼다. 이들은 신경·혈관뇌장벽의 건축재, 뉴런에 영양과 신경전달물질을 전달하는 운송로, 내부 생리 활성 조절용 이온ion 통로, 독성 물질을 치우거나 재활용하는 역할을 하는 것으로 알려져 있었다. 하지만 이들의 숨은 역할이 조금씩 드러나고 있다. 뉴런 안팎의 아밀로이드 베타와 타우 변형 단백질의 제거에 주력했던 알츠하이머병 치료법이 아교세포 연구로 선회하고 있는 배경이다.

이는 마치 1970년대 유전체학에서 한때 '쓰레기 DNA'로 낮추어 봤던 코돈, 인트론 등 비非암호 DNA[30]가 생명 정보를 담고 있는 암호 DNA의 조수가 아니라 주인으로 밝혀지는 과학사의 극적 장면을 떠올리게 한다. 당시 전체 유전자 중 90퍼센트나 되는 비암호 DNA는 별다른 쓸모가 없는 존재로 오해 받았다. 생명의 제조법이라 할 수 있는 단백질 합성 암호를 담고 있지 않다는 이유로 쓰레기 취급을 받은 것이다. 하지만 30년 이상의 후속 연구에서 이들이 암

---

30   유전자 복제정보가 없는non-coding DNA

호 DNA를 켜고 끄는 스위치 등 다양한 역할을 하는 것으로 드러났다. 같은 비유를 별아교세포에 적용해도 무방할 것이다. 과학사에는 이렇게 주객이 전도되는 일이 비일비재하다. 지구가 우주의 중심이라 믿었던 천동설에서 지동설로 사람들의 인식이 이동하면서 종교 중심의 중세에서 이성 중심의 근대로 옮겨가는 코페르니쿠스적 대전환이 이뤄지는 것이다. 뇌 과학계에서도 이러한 대전환이 언젠가 이루어질까. 아교세포 연구 집단은 뇌 질환 연구의 '별동대'로 기대를 모으고 있다.

조연에서 주연으로 부상한 아교세포

뉴런 중심의 뇌 과학 100년 연구 전통을 일거에 뒤집어버린 연구 집단은 우리나라에서 나왔다. 기초과학연구원IBS에서 아교세포 연구를 선도하고 있는 이창준 박사가 그 주인공이다. 이 박사는 특히 별아교세포, 약칭 별세포 연구의 개척자다. 아교세포과학, 특히 별세포 생물학의 세계적 석학으로 꼽히는 이 박사는 뇌 과학을 뉴런 중심의 신경과학Neuroscience에서 아교세포 과학Glioscience으로 확장하면서 알츠하이머성 치매, 파킨슨병 등 퇴행성 뇌 질환 진단과 치료에서 새 길을 열고 있다. 그는 미국에서 생리학 전공으로 석·박사를 이수할 무렵 뇌 과학자였던 지도교수의 권유로 뉴런 연구를 처음 시작했다. 흥분성 신경전달물질 글루타메이트의 수용체receptor를 찾는 작업이었다. 그런데 이게 웬일! 수용체가 뉴런 아닌 아교세포(별세포)에 있다는 걸 발견한 것이다. 보통 일이 아니었다. '별세포도 뉴런처럼 인간의 인지 기능에 주요한 작용을 하지 않을까' 하는 의심이 들었다. 이후 미국에서 연구 중이던 그는 귀국해 한국과학기술연구원KIST을 거쳐 2018년부터 IBS 연구단장으로 아교세포 연구 그룹을 이끌고 있다. 여전히 뉴런에만 매달리는 주류 뇌 과학 연구 집단에서 한 걸음 뚝 떨어진 뇌 과학의 별동대인 셈이다.

별세포는 세포 몸통에서 별처럼 뾰족뾰족한 돌기들이 사방으로 튀어나와 별 모양세포, 성상星狀세포란 이름이 붙었다. 크기는 뉴런보다 작지만 아교세포 중 가장 숫자가 많다. 이 박사는 2010년 별세포에서도 억제성 신경전달물질인 '가바GABA'가 나온다는 논문을 『사이언스Science』지에 실으며 일약 스타가 됐다. 가바는 감마-아미노뷰티르산의 약자로, 아미노산 계열의 대표적인 신경전달물질이다. 별세포가 가바를 분비한다는 건 혁명에 가까운 발견이었다. 뉴런만 가바를 생산한다는 뇌 과학의 통념을 송두리째 흔들어버린 것이다. 2년 후에는 별세포에서 흥분성 신경전달물질 '글루타메이트'까지 분비된다는 사실을 추가로 밝혀냈다. 글루타메이트는 글루탐산의 다른 이름으로, 화학조미료의 성분으로 사용되기도 한다. 글로타메이트와 가바는 뇌를 비롯한 중추신경계에 작용하는 화학적 액셀러레이터와 브레이크이다. 고·스톱 명령 단추, 온·오프 스위치이다. 별세포가 다른 세포를 켰다 껐다 하는 화학물질을 스스로 생산할 수 있다면 뇌를 조절·통제하는 명령의 주체로 봐도 무방하다. 뉴런만 전기신호를 만들고, 뉴런만 화학신호를 분비한다는 게 100년 뇌 과학의 정설이었다. 그런데 별세포도 가바, 글루타메이트 화학신호를 생성한다니! 어쩌면 별세포가 뉴런에 명령을 내리는 주체일지도 모른다. 별세포는 하인이 아니라 주인이었던 것이다. 그럴 가능성을 입증하는 증거는 점점 짙어지고 있다.

별세포 우주와 치매

별세포가 뉴런처럼 신경전달물질을 분비하는 뇌 회로의 일부라면 치매와는 어떤 관련성이 있을까. 이창준 박사가 이끄는 별세포 연구팀은 2014년 초기 알츠하이머성 치매 환자의 뇌에서 흔히 발견되는 반응성reactive 별세포가 가바를 과잉 분비해 기억장애를 유발한다는 사실을 처음으로 확인했다. 반응성 별세포란 아밀로이드 베타 같은 뇌의 독성 물질과 접촉한 뒤, 부피가 커지고 별 모양 가지 수도 늘어난 '뚱뚱이' 별세포를 말한다. 이창준 박사의 연구는 인지 기능 저하에 뉴런의 사멸뿐 아니라 별세포의 고장도 주원인으로 작용할 수 있음을 밝혀냈다. 뉴런을 죽이는 독성 물질 제거에만 매달렸던 전통적 치매 치료 방식에 새 길을 제시한 것이다. 몇 개월 후에는 중증 반응성 별세포에서 너무 많이 생성된 과산화수소가 뉴런을 죽이며 치매를 진행시킨다는 발견도 학계에 새로 보고했다. 과잉 생산된 가바에 이어 제2의 치매 유발 후보가 확인된 셈이다. 과산화수소는 활성 산소종Reactive oxygen species, ROS[31]의 하나로, 일상생활에서는 소독약으로도 쓰이지만 뇌 안에서 너무 많으면 염증을 유발한다. 연구팀에 따르면 아밀로이드 베타 등 독성 물질과 접촉한 반응성 별세포가 경증이면 회복이 가능하지만, 중증이면 뉴런을 사멸시키며 치매로 진행된다. 따라서 과산화수소나 그 전 단계의 반응물질인 마오비MAO-B 효소를 줄이는 표적 치료제를 개발하는 것이 다음 목표가 된다. 그런데, 반응성 별세포의 증가는 치매 뿐 아니라, 파킨슨병·뇌종양 등 다양한 뇌 질환의 경과 과정에서도 관찰되고 있어 연구의 적용 폭은 확대될 전망이다.

바로 앞에서 별세포도 뉴런처럼 신경전달물질을 분비한다는 걸 배웠다. 하지만 조금 다른 특징도 있다. 뉴런의 신경전달물질 분비가 1000분의 1초 간격이라면 별세포는 초 단위, 심지어 분 단위의 매우 느린 속도로 내뿜는다. 낮에 활동하고 밤에 자는 일日주기를 설명할 수 있는 강력한 후보이다. 우리의 감정이나 몸 상태, 정신적 각성도는 하루에도 여러 차례 변한다. 이창준 박사는 말한다. "뉴런이 전선이라면 주변에 저항이나 다른 회로도 필요할 것이다. 별세포는 그런 균형을 잡는 데 중요하다. 내가 컵을 갑자기 앞에 앉은 상대에게 던지면 본능적으로 팔을 뻗어 잡지 않나.

---

31 일반적인 산소O_2보다 화학적 반응성이 높아 불안정한 산소를 포함하는 화학물질. 화학적으로 활성화된 상태라서 '들뜬 산소'로 불리기도 한다.

우리가 이렇게 사물을 재빨리 인지할 때는 뉴런이 작용한다. 신호전달물질이 빛의 속도로 전달되는 것이다. 하지만 기분이 우울하다든가, 뭔가 찌뿌둥하다는 기분은 뉴런만으로 설명하기 어렵다. 별세포의 신호전달 체계는 뉴런보다 훨씬 느리다. 빨리 전달해야 할 때도 있지만, 느리게 전달해야 할 경우도 있는 법이다."

뉴런 말고 글리아에 미친 과학자들은 한국에 많다. 세계 아교세포학회도 우리나라에서 처음 만들었다. 유력 저널에 글리아 연구 논문 수가 늘어나고, 글리아 연구실도 세계 곳곳에 새로 만들어지고 있다. 글리아는 한국의 뇌 연구 브랜드, K-브레인이 될 것인가.

나랑 별 보러 갈래?

별 세포의 다음 탐험은 어느 곳일까. 이창준 박사에게 후속 연구 계획을 물어 보았다. 크게 두 곳으로 추린 미래 행선지는 아주 신비한 영역이었다. 이 박사는 "만약 답을 찾아낸다면 노벨상 감이 될 것"이라고 자신했다.

첫째, 별세포가 기억의 저장 장소가 아닐까 하는 질

문이다. 과학자들은 그동안 뉴런이 기억의 주인이라고 생각했다. 뉴런에 동일 자극을 반복적으로 주면 뉴런과 뉴런 사이의 시냅스 연결이 강해진다. 이를 장기강화Long Term Potentiation, LTP라고 한다. 갈수록 최초 자극보다 더 작은 자극에 더 많은 화학물질을 분비하기도 하고, 시냅스 개수도 늘어난다. 기억의 본질은 LTP 자체이며, 이는 뉴런에서 일어난다고 본 것이다. 그런데 이 박사팀은 별세포에 물이 안 들어가면 기억이 사라지는 현상을 새로 발견했다. 별세포의 표면에는 물이 드나드는 '아쿠아포린 4'라는 수로가 있다. 이를 차단했더니 LTP가 일어나지 않았다. 달리 말해 기억이 형성되지 않았다. 다시 물이 들어가도록 하자 별세포가 외형적으로 통통해지면서 LTP, 즉 기억 생성이 활발해졌다. 아쿠아포린 4 유전자가 우성인 실험자는 뇌가 크고 언어능력 관장 부위도 커져 있다는 걸 확인했다. 이 박사는 "뉴런이 오히려 메모리칩을 잇는 전선에 불과하고, 별세포가 기억 저장장치가 아닐까"라고 반문했다.

둘째, 치매 치료를 넘어 노화의 정복이다. 이 박사는 최근 줄기세포 학회에서 척수 손상 회복 실험을 발표했다. 도마뱀은 꼬리가 끊어져도 새로 자란다. 사람은 그렇지 못하다. 이유는? 포유류 이상의 동물에서는 가바가 생산되기 때문이다. 가바는 뉴런을 멈추는 브레이크에 해당한다. 그래서 가바를 인위적으로 줄이면 뉴런의 죽음을 막고 재생시킬 수 있다. 뇌 속의 병든 반응성 별세포는 크기가 커지며 평소보다 많은 양의 가바를 과잉 생산하게 된다. 이 박사는 "가바만 잘 겨냥해 생산을 막으면 뉴런 재생이 활발해지면서 치매, 파킨슨병, 뇌졸중에서 환자를 회복시킬 수 있다"고 말했다. 더 나아가 노화의 비밀도 밝힐 수 있다. 가바로 인해 뇌가 억제되면 기억력이 감소하고 뉴런이 점점 죽는다. 이 박사 팀은 반응성 별세포에서 과다 생성된 과산화수소가 여러 단백질에 손상을 주고 결국 뉴런의 사멸로 이어진다는 기전을 파헤쳤다. 원래 박테리아 같은 외래 이물질 공격 무기인 과산화수소가 지나치게 많아지면 자살로 이어진다는 것이다. 가바는 뉴런에 브레이크를 걸고, 과산화수소 같은 활성산소종ROS은 퇴행을 유도한다고 이 박사는 설명했다. 이 두 마리 토끼를 잡을 수 있는 마법의 탄환은 '마오비MAO-B 효소'이다. 이 효소는 세포 내 에너지 생산 공장인 미토콘드리아의 표면에 살고 있다. 마오비는 가바와 ROS 생산 명령을 내린다. 마오비를 억제하면 브레이크와 퇴행을 동시에 막을 수 있는 셈이다. 과연 우리가 영원히 살 수 있는 불로장생의 비밀이 별세포 우주 속에 숨어 있는 것일까.

4

뇌 우주의
다른 붕괴 현장들

히치하이커 여러분이 주변에서 보거나 이야기를 들어봤을 만한 몇 곳의 붕괴 현장을 추가로 돌아본다. 뇌 우주가 무너진 황무지 중 그래도 개척자들이 몇 차례 탐험해본 외곽 지대이다. 뇌 의학 우주선이 가장 정복하고 싶어하는 비밀의 행성들을 차례로 살펴보자.

자폐증

자폐증自閉症, Autism은 '유리 껍질 안에 갇힌 어린아이'라는 시적 표현으로 함축된다. 자기 내면 안에 매몰돼 타인과의 사회적 교류에 문제가 생기는 병증이다. 이 병증을 가진 사람은 태어난 후 10살 미만의 유아기 시절부터 이상 행동을 보인다. 언어를 포함한 의사소통의 어려움, 반복적 행동과 집착 등이 대표 증상이다. 하지만 환자마다 나타나는 증세도 매우 다양해 어디부터를 자폐로 진단해야 할지 의사들도 헷갈려 한다. 그래서 최근에는 자폐 스펙트럼 장애ASD란 표현을 쓴다. 빛의 무지개색 스펙트럼처럼 경계 설정의 범위를 넓게 잡은 것이다. 자폐 장애의 진단 기준을 100퍼센트 만족하지 않더라도 몇 가지 공통 증세를 보이면 '약한 자폐'로 스펙트럼 안에 포함시키는 개념이다. 자폐는 1943년 미국 존스 홉킨스 의과대학 리오 캐너 박사가 처음 학계에 보고해 '캐너 신드롬'으로 불리기도 한다. 그는 아기 때부터 친엄마와도 눈 맞춤 같은 상호 교류를 하지 않고 고립돼 성장하는 11명의 아이를 논문에서 생생하게 묘사했다. 아이들은 겉으로 아무 문제가 없어 보이고, 크면서 다른 지적 능력에는 결함이 없거나 오히려 우수한 성과를 보여 부모들은 곧 정상적인 아이로 돌아올 것만 같아 애를 태우곤 한다. 하지만 지금도 병의 원인을 잘 모르고, 뚜렷한 치료제 혹은 개선 방법 역시 없다. 1000명에 1~2명꼴로 자폐 진단을 받으며, 이보다 약한 ASD는 몇 배나 더 발병률이 높다. 유전적·환경적 요소가 복합적으로 작용해 생기는 것으로 의사들은 추정하지만, 최근에는 뇌의 연결 이상에 무게를 두는 편이다.

자폐증 연구 초기에는 양육의 후천적 요인이 강조돼 큰 사회적 파문을 불러 일으켰다. 일부 정신분석학자들이 자폐증의 원인을 '차가운 엄마refrigerator mom'라고 발표했기 때문이다. 그들은 고학력·고연봉 전문직 여성의 자녀 돌보기가 지나치게 이성적이어서 엄마의 냉기가 아이에게 옮겨간다, 그래서 아이의 마음도 얼어붙어 외부 세계와의 정감 어린 교류가 차단된다고 묘사했다. 자폐증 전문가들의 발언은 1960년대 막 사회에 진출하기 시작한 여성의 취업 전선에 찬물을 끼얹었다. 비록 고등교육을 받은 부모에게 자폐아가 나타나는 사례가 많긴 했지만, 이런 엄마(부모) 책임설은 쌍둥이 연구가 나올 때까지 한동안 보호자의 죄책감을 자극했다.

자폐증이 양육 환경이 아니라 유전적 결함에서 비롯된

다고 의심한 연구자들은 같은 유전자를 갖고 태어난 쌍둥이 자폐아를 집중 조사했다. 일란성 쌍둥이의 경우, 한 명이 자폐증 진단을 받으면 다른 한쪽도 자폐증을 보일 확률이 60~90%로 나타났다. 100퍼센트는 아니지만 자폐증에 유전적 요인이 중요함을 시사했다. 유전자가 조금 다른 이란성 쌍둥이의 경우 자폐증 일치율은 10~40%로 좀 더 낮았다. DNA 수준으로 내려가서 분자생물학의 도움을 받은 현대 의학은 현재까지 자폐증 발병 후보 유전자를 1200개나 찾았다. 이 가운데 특히 강한 연관성을 가지는 자폐 유전자만도 200개에 달한다. 지금은 이런 선천적 요인을 중심으로 후천적 요인도 같이 작용한다는 게 정설이다. 자폐증과 비슷한 아스퍼거 증후군도 있다. 오스트리아의 소아과 의사 한스 아스퍼거가 캐너 박사의 논문 발표보다 몇 년 앞서 다른 방식으로 유사 자폐증을 발견해 아스퍼거 신드롬으로 명명됐다. 두 종류의 자폐증은 정신과 의사들의 정신질환 진단 및 통계 편람DSM 최신판에서 자폐 스펙트럼의 넓은 범주 안에 통합됐다.

인간을 제외한 다른 동물에서 자폐증은 발견되지 않는다. 학계에 보고된 유일한 예외는 2016년 일본 원숭이의 ASD 사례이다. 진위 여부는 차치하고 결론적으로 자폐증은 고등 정신 작용이 가능한 뇌에서만 발생하는 이상이라 볼 수 있다. 학계는 자폐증이 뇌가 정상적으로 자라지 못해 생기는 신경발달성neurodevelopmental 장애로 보고 있다. 뇌의 발달 속도가 매우 빠른 임신 기간이나 유아기 동안 뇌가 제대로 성장하지 못한 결과라는 것이다. 이는 정상적이던 뇌가 제대로 기능하지 못하고 망가지는 알츠하이머병 등 신경퇴행성neurodegenerative 장애와는 정반대 현상이다. 과학자들은 농담 삼아 자폐증과 알츠하이머병을 정복하면 뇌를 다 알게 되는 것이라고 말하곤 한다. 한쪽은 뇌가 탄생하면서 생기는 병이고, 다른 한쪽은 죽으면서 생기는 병이기 때문이다.

자폐증 어린이의 뇌 성장 속도는 비정상적이다. 개인차가 있지만 2~5살 사이에 뇌 크기가 평균보다 크다. 하지만 이런 신골상학적 발상을 과학자들은 몹시 경계하고 있다. 어릴 때 뇌가 조금 크다고 다 자폐는 아니라는 것이다. 가장 유력한 학설은 자폐증이 뇌의 연결 이상에서 온다는 주장이다. 실제로 우뇌와 좌뇌를 연결하는 뇌들보를 수술로 절단하면 좌우반구의 연결성이 저하되면서 자폐증이 생기는 사례가 보고됐다. 너무 많은 시냅스 숫자도 원인으로 꼽힌다. 유아기에 자폐증을 앓는 환자의 뇌에서 앞쪽 이마엽은 과잉 성장한 반면, 이마엽과 다른 뇌 영역 간 연결은 너무 적게 관찰되기 때문이다. 과학자들은 이를 근거로 뉴런 간 지나친 연결이 자폐증의 원인을 제공하는 게 아닌지 의심한다. 즉, 자폐증 뇌는 첫 번째 시냅스 대폭발이 일어난 2살 이후에 시냅스 가지치기(제거)가 제대로 이뤄지지 않아 생기는 것으로 추정하는 것이다. 앞쪽 이마엽은 '자아'를 인식, 형성하는 뇌 부위이다. 자폐증은 자아의 너무 깊숙한 숲속에 갇힌 결과일까.

조현병

조현병(정신분열증)의 의학용어 '스키조피레니아schizoph-renia'는 정신에 균열이 생겨 여러 조각으로 갈라졌다는 뜻이다. 어려운 말로 인격의 통합이 와해되고 관념연합이 이완 및 해체되는 분열 현상을 말한다. 조각 난 정신, 그것이 정신분열증으로 번역됐고, 편견을 순화한다는 명분하에 현악기의 조율이 제대로 안 됐다는 의미의 조현병調絃病으로 명칭이 바뀌었다. 대표 증상은 정상적인 감정을 느끼거나 사고를 하기 힘들고, 망상·환각을 경험하는 것이다. 생각과 언어 표현이 산만하고 혼란스러워 정상적인 의사소통이 어렵고, 행동도 지나치게 흥분하거나 의미 없는 반복을 하는 경향을 보인다. 다른 사람이 자신을 욕하거나 해치려 한다는 피해망상, 신의 계시자를 자처하는 과대망상, 나만 쳐다본다는 관계망상도 흔하다. 욕하는 소리가 들리거나 신을 보았다는 식의 환청과 환시도 자주 나타난다.

자폐증이 유아·아동기에 발현되는 것과 달리 조현병은 20세를 전후한 청년기에 발병하는 경우가 많다. 그래서 자폐증처럼 조현병도 신경발달성 장애의 하나로 보는 해석이 있다. 뉴런의 2차 빅뱅, 즉 사춘기 진입 직전에 이마엽의 시냅스 과잉 생산이 일어난 후 가지치기가 정상적으로 이뤄지지 않은 결과라는 것이다. 구체적으로 이 시기에 mPFC와 OFC에 뉴런 간 연결이 왕성해져 자의식과 충동 조절의 '사회적 뇌'가 형성된다고 앞서 설명했다. 그러니까 사회적 뇌 발달 과정에서 신경회로의 정리가 제대로 안 돼 생기는 사회생활 능력의 결여가 조현병 증상이란 주장이다. 그러나 신경발달성 장애설에 동의하지 않는 의사들도 많다.

유전적 요인을 알아보기 위한 쌍둥이 연구에서 조현병도 자폐증처럼 일란성 쌍둥이에서 40~65%의 상당히 높은 일치율이 나온다. 조현병 역시 유전적 요소가 크다는 것을 보여주는 결과다. 이란성 쌍둥이는 0~30%로 일치율이 더 낮다. 조현병 역시 분자생물학의 도움을 받아 발병 후보 유전자를 수백 개 이상 찾아냈다. 하지만 이 역시 자폐증처럼 신종 부모 책임론을 불러일으킬 우려가 있다. 유전자의 승계 과정은 일률적으로 예상할 수 없으며 후천적 체성 변이[32] 같은 예외도 있는 법이다. 게다가 조현병도 하나의 통합 질병으로 분류하기 어려울 만큼 다양한 증상으로 구성된다. 1개의 조현병 후보 유전자는 개개의 발병 증상을 유발할 수 있는 강한 상관관계를 입증할 뿐이다. 또 조현병이 의심되는 결함 유전자를 찾았다 하더라도 그 모두를 교체하기는 힘들다. 동물 실험에서 결함 유전자의 복사본을 정상 복사본으로 교체하는 유전자 조작 치료를 통해 효과를 본 일은 있다. 그러나 뇌의 유전자 이상 조현병이 현재가 아니라 과거 성장 과정에서 유래된 것이라면 현재의 유전자 교체로는 고치기 불가능하다.

조현병의 원인은 선천적인 유전자의 이상인가, 후천적인 뇌 성장 과정의 시냅스 연결 이상인가. 결론은 아직 나

---

32 부모 유전자를 복제하는 과정에서 생긴 변이가 아니라, 성체로 살아가는 동안 유전자가 바뀌는 현상

지 않았다. 양자 모두일지도 모른다. 조현병은 세계적으로 1000명에 2~3명꼴로 보고될 만큼 매우 흔한 정신병이라서 광범위한 임상 사례들이 축적돼 있지만, 아직 확립된 특효약이나 치료법은 없다. 환자와 가족, 일부 연구자들은 조현병과 자폐증의 권리 운동 차원에서 이를 비정상적 문제로 바라보기보다 신경 다양성의 관점에서 보자는 주장도 한다. 인간 정신의 넓은 지평선에서 가장자리에 위치한 하나의 무지개 색깔로 생각하자는 제안이다. 매년 4월 2일을 세계 자폐인의 날로 정하고, 파란색을 상징색 삼아 당사자들이 광장에 나와 공개적으로 실상을 알리고 편견은 없애자는 활동을 하는 것도 그 일환이다. 조현병과 자폐증을 이런 긍정적 시각으로 연구한다면 그 과정에서 인류 정신사의 새 지평을 열 수 있을 것으로 기대된다. 과학과 예술은 늘 광기와 정상 사이에서 줄타기를 하던 경계인들에 의해 한 걸음 앞으로 나아갔다. 당대에 비정상적인 사람 취급받는 경계성 장애인은 시대를 앞서 내다보는 미래의 귀인일지도 모른다.

파킨슨병

파킨슨병은 운동 능력에 지장을 주는 신경계 장애이다. 가장 흔한 증상은 움직일 의사가 없는데도 가만있을 때 떨림과 불수의적 사지 흔들림이 나타나는 것이다. 뉴런에서 근육을 통제하는 신경전달물질 도파민의 합성에 이상이 생겨 발병하는 것으로 알려져 있다. 동작이 경직되고 느려지며 균형을 잡거나 걷는 데 문제가 생긴다. 말이 어눌해지면서 표정과 사고 활동도 폭이 좁아진다. 보통 60세 이상 고령층에서 발견된다. 파킨슨병은 처음 진단받을 때는 주로 운동 증상이 나타나지만 이후 신경인지장애로 발전한다. 새로운 정보를 처리하는 능력이 떨어지고 기억, 집중, 계획하는 힘이 약해진다. 치매로 연결되는 경우도 있다. 알츠하이머병과 혼동하는 이들도 있으나 두 병은 발병 기전이 확연하게 다르다.

그러나 파킨슨병은 알츠하이머병 다음으로 흔한 신경퇴행성 질환으로 분류된다. 뉴런이 시들고 사망하면서 발병한다는 뜻이다. 초기에는 뇌 바닥 핵의 흑색질치밀부의 뉴런들이 손상된다. 도파민 분비를 담당하는 세포들이다. 60세 이상에서 1%의 유병률을 보이고, 나이가 들수록 발병

률이 증가한다. 파킨슨병은 전체 환자의 5~10퍼센트만 유전에 의해 발생할 만큼 유전적 요인은 낮은 편이다. 후천적 유발 요인은 명확하지 않다. 특이하게 내장에서 파킨슨병이 시작돼 미주신경을 거쳐 뇌로 퍼진다는 학설이 있다. 이들은 파킨슨병에서 위장신경계를 '두 번째 뇌'라고 부르기도 한다. 스웨덴 연구팀은 2014년 파킨슨병 환자의 알파시누클레인 단백질을 쥐 모델에 주입한 결과, 알파시누클레인이 장에 분포한 미주신경을 타고 뇌 줄기의 미주신경으로 이어지는 흐름을 확인했다. 십이지장 궤양 치료에 활용되는 미주신경 전달 시술을 받은 환자에게 파킨슨병 발병 위험이 22퍼센트 줄었다는 2017년 학술발표도 있었다. 파킨슨병 환자들이 발병 초기에 변비, 체중감소, 삼킴 곤란 등 소화기계 증상을 경험한다는 임상연구 결과에 따라 장 유래설을 지지하는 학자들이 있으나 정설로는 인정받지 못하고 있다. 파킨슨병과 제2형 당뇨병과의 상관관계가 높다는 임상 보고도 있다.

파킨슨병 치료를 위해 도파민 전구물질인 레보도파로를 처방하거나 항진제를 사용하기도 한다. 약물 치료가 효과를 보이지 않을 경우 드물게 뇌 심부 자극술Deep Brain Stimulation, DBS을 시술한다. 뇌의 도파민 분비 부위에 침을 깊숙하게 꽂아 전기 자극을 주는 방법이다. 뇌 우주 병원선 선장들은 파킨슨병의 원인을 찾으면서 다른 뇌 질환 치료의 길도 찾을 수 있을 것으로 기대한다.

중독

육체적 중독과 정신적 중독 가운데 여기서는 후자를 다룬다. 육체적 중독poisoning, toxication은 독성 물질에 의해 신체가 이상 반응을 보이는 병리 현상을 말한다. 반면, 정신적 중독addiction은 향정신성 화학물질(마약)을 포함한 약물·알코올·니코틴·카페인 등 물질이나 도박·섹스·사상에 빠져 정상적인 생활을 영위할 수 없는 의존적 형태의 뇌기능 장애를 가리킨다. '~에 홀렸다holic'는 의미로 탐닉 혹은 의존증이라고 표현하기도 한다. 중독은 강렬한 쾌락(고양감)과 그 쾌락을 다시 즐기고 싶다는 갈망에 뿌리를 내리고 있다. 중독자는 특정한 물질이나 행동에 강한 집착을 보이며 모든 우선순위를 뒤로 돌릴 만큼 중독 대상에 매몰된다. 중독 장애에 빠진 사람들은 자신의 문제를 인식하는 경우도 많지만 원한다고 스스로 멈추기 어렵다. 중독은 다른 정신장애를 동반하는 일이 많다. 가령 알코올 중독은 우울장애, 수면 장애, 성 기능 장애 등의 원인이 된다.

　우주 병원선 선장들은 뇌 우주의 변연계 부위 중 쾌락 중추 혹은 대뇌 보상회로로 불리는 도파민 분비 시스템이 망가진 것으로 본다. 이 부위는 시상하부의 배쪽 피개부VTA에서 mPFC와 중격측좌핵NA으로 연결되는 신경회로망으로 구성된다. 보상의 정보는 VTA에서 NA로 분비되는 도파민을 통해 전해진다. 도파민은 강력한 쾌락의 신경전달물질이다. 정상적인 만족감과 마찬가지로, 중독을 야기하는 물질이나 행위도 이 도파민 보상회로를 똑같이 자극한다. 단기간의 과도한 자극은 도파민의 분비량을 제대로 조절하지 못하는 중독이라는 병적 상태로 바꾼다. 중독자는 도파민의 과도 분비에 대한 내성과 금단 현상에 빠지는 것이다. 또 정상인의 경우, 미래를 계획하는 고등사고의 뇌 영역 mPFC에서 글루타메이트를 분비해 NA의 도파민 신호를 조절한다. 그러나 중독자는 mPFC의 기능이 현저하게 떨어져 있음이 뇌 영상촬영에서 확인된다. 장기적인 보상을 더 키우기 위해 당장 욕구를 참거나 기다리는 절제력을 발휘하지 못한다는 이야기다.

　중독은 진행 경과에 따라 내성과 금단의 전형적 증상

을 보인다. 특히 물질성 중독에서 더 심하다. 내성은 동일 분량으로 점차 쾌락의 효과가 줄어들고 더 많은 양을 요구하게 되는 변화이다. 금단은 덜 하거나 중단하면 신체적·정신적 갈구 현상이 발생해 정상적으로 활동하거나 사고하기 불가능해지는 증상이다. 중독은 근절하기가 매우 어려워 내성과 금단 증상을 일시 극복했다 하더라도 재발할 위험성이 늘 따른다. 재활 치료가 요구되는 까닭이다.

CHAPTER 4

천연우주와 인공우주

우리 여행을 벌써 절반이나 마쳤네요.
그동안 뇌 우주의 지형과 작동 원리를 익히고, 무너진
붕괴 현장을 찾아가 고장 수리에 여념이 없는
병원선을 구경했죠? 이번에는 뇌 우주를 본떠서
인공우주를 만드는 뇌 공학 우주선을 타고 날아갈 겁니다.

컴퓨터와 인공지능은 인공우주의 재료이자 동력입니다.
인공우주는 천연우주의 신비를 캐는 데 든든한
버팀목 노릇도 하지만, 이렇게 알아낸 우주의 비밀이
거꾸로 인공우주의 확장을 돕는 상승 작용도
일으키고 있어요. 그래서 뇌 공학은 뇌 과학과 컴퓨터 과학을
이어주는 가교 역할을 해줍니다. 중국의 뇌 과학 국가계획
'차이나 브레인 프로젝트CBP'가 인공지능과 뇌 과학
연구를 병행한다는 의미에서 하나의 몸통에 2개의 날개라는
일체양익一體兩翼을 구호로 내걸고 있을 정도지요.

1

뇌와 컴퓨터,
그 조심스러운 접근

무엇이 같고, 무엇이 다른가

뇌를 컴퓨터에 대응시키는 비유법은 일반인의 이해를 돕기 위해서다. 하지만 살아 있는 세포가 모인 생물의 생체 기관과, 금속 같은 무기질 재료로 된 회로의 집합체를 수평 비교하는 것은 사실 위험하고 무리가 따른다. 뇌는 단순한 정보 '처리' 장치가 아니다. 현대 뇌 과학에 따르면 오히려 정보 '창조' 장치에 가깝다. 컴퓨터는 아직 이 수준에 이르지 못했다. 그럼에도 불구하고 뇌와 컴퓨터를 쌍둥이처럼 닮은 존재로 묘사하는 이유는 인공지능의 발달과 더불어 양쪽이 서로의 장점을 배워가면서 접점을 넓히고 있기 때문이다. 컴퓨터와 인공지능은 탄생부터 뇌 구조와 기능을 모방하는 데서 출발했다. 뇌가 천연우주라면 컴퓨터와 인공지능은 인공우주일 것이다. 비슷한 점이 많지만 본질적인 차이점도 크다.

Ⓐ 무엇이 같은가

뇌와 컴퓨터는 정보를 입력-보관 및 처리-출력하는 연산 장치로 단순하게 묘사되곤 한다. 물론, 뇌에는 연산 외에도 다른 기능들이 다수 포함돼 있다. 컴퓨터는 뇌의 연산 기능만 떼어 모방한 기계라고 할 수 있다.

　뇌를 계산 기계로 한정해 비교할 때 공통점은 첫째, 둘 다 전기신호를 쓴다는 것이다. 엄밀하게 말해 뇌의 전기신호는 양전기·음전기를 띤 이온의 교환에 의해 생기는 생체 전류로 일반 전기와 똑같이 취급하긴 어렵다. 그리고 뇌의 전기신호는 뉴런 내부 통신에 불과하고 뉴런과 뉴런 간, 뇌와 다른 신체 기관 간에는 신경전달물질이나 호르몬 같은 화학 신호를 쓴다는 차이점도 있다. 그러나 뇌 과학의 출발이 전기생리학[33]으로부터 비롯된다는 점에서 양자를 같은 범주에 넣어도 무방할 것이다.

둘째, 소자素子 간 정보 전달에 2진법 디지털 신호를 사용한다는 점이다. 컴퓨터는 0과 1, Off-On의 논리회로 스위치를 기본으로 작동한다. 뇌도 뉴런의 전류를 발생시키는 데에 활성화와 비활성화, 즉 켰다 껐다 하는 논리회로 방식을 채택하고 있다. 앞 뉴런에서 뒤 뉴런으로 전기신호를 전달하는 중간 지점에 화학적 댐을 두곤 있지만, 기본적으로 받은 전류의 총합이 댐의 높이를 넘어서면 뒤로 전류가 흘러간다. 넘치면 켜지고, 모자라면 꺼진다. 뉴런에서 전류가 발생하는 것을 '흥분한다'고 표현하는데, 흥분하든지 흥분하지 않든지 2가지 경우밖에 없다. 이 공통점은 딥러닝 인공지능의 통계적 프로그래밍에 매우 유용하게 활용된다.

셋째, 2단계 정보 저장장치를 사용한다는 점이다. 뇌와 컴퓨터가 저장장치에 보관하는 정보를 기억memory이라고 한다. 논리적 컴퓨터, 튜링 머신을 최초로 고안한 창시자 앨런 튜링은 직렬 처리 방식의 계산 기계를 상상했다. 그

---

33   생체 내부의 전기현상을 연구하는 학문

리고 이를 현실화한 인물은 현대 디지털 컴퓨터의 아버지 존 폰 노이먼이다. 노이먼 방식으로 일컬어지는 현재의 컴퓨터 구조는 중앙에 정보처리장치CPU를 두고 입력, 출력의 양쪽 단자 사이에 메모리(정보저장장치)를 설치하는 모양새이다. 특히, 단기 기억과 장기 기억을 각각 저장하기 위해 2가지 저장장치를 쓰는 점이 특징이다. 구체적으로 보자면, 마이크로프로세서라는 RAM[34] 반도체 소자를 임시 기억working memory의 작업대로 쓰고, 거기서 일을 마친 정보는 하드 디스크, 플래시 메모리 같은 장기 기억장치로 이동시켜 보관한다. 임시 기억장치에서 작업하는 정보는 휘발성이 있어 따로 장기 기억장치로 옮겨놓지 않으면 사라진다. 저장된 정보의 가공 재처리 작업이 필요할 때는 장기 기억장치에서 그 정보를 작업대로 불러와 작업을 한 다음 끝나면 잊지 않고 다시 저장해야 한다. 노이먼이 1940년대 뇌과학의 성과를 반영해 컴퓨터 구조를 설계했는지는 확인할 수 없으나 인간 사고구조를 모방했다는 기록 정도는 남아 있다. 뇌도 감각기관으로부터 입력된 정보를 임시 기억장

---

34   Random Access Memory의 준말로, 정보를 읽고 쓰는 컴퓨터 주기억장치

치 격인 시상과 해마에서 1차 처리를 한다. 그리고 생존에 필요한 필수 정보는 대뇌 겉질로 옮겨 2차로 장기 저장한다. 단기 기억을 장기 기억으로 바꾸는 일을 기억의 고착화 consolidation라고 한다. 단단하게solid 고정한다는 뜻이다.

2단계 정보 저장장치를 쓰는 이유는 무엇일까. 그냥 한 가지로 저장하면 더 간편하지 않을까. 이유는 속도와 안정성에 있다. 컴퓨터의 하드 디스크는 전원이 꺼져도 정보가 보관된 상태 그대로 유지된다. 반대로 RAM은 금방 사라진다. 대신 작업 속도가 빠르다. 장기 기억장치는 안정적인 대신 느리고, 단기 기억장치는 불안정하지만 당장 작업하기 쉽다. 뇌신경과학자들은 이런 상충trade-off 효과를 안정성-가소성 딜레마로 부른다. 그리스 철학자 플라톤은 기억이란 밀랍 판에 도장을 찍는 일이라고 생각했다. 서구의 역사 드라마를 보면 귀족이 편지를 쓴 다음 촛농 같은 걸 편지봉투에 떨어뜨리고 거기에 자신의 반지를 눌러 밀봉하는 장면이 나올 것이다. 이 촛농 같은 물질이 바로 밀랍이다. 굳으면 단단해지기 때문에 남이 보지 못하게 서신을 밀봉하는 용도로 쓰였다. 플라톤은 밀랍이 너무 단단해도, 너무 말랑해도 도장을 찍기 어렵다고 했다. 단단함과 말랑함 사이의 균형을 잡아야 기억을 새겨 넣을 수 있는 것이다.

이 전통을 이어받아 지금도 뇌 과학자들은 기억을 '인그램 engram'이라 부른다. '새긴다engrave'의 명사형이다.

커넥톰으로 유명한 한국계 미국 뇌 과학자 세바스찬 승은 시냅스의 재가중reweighting과 재연결reconnection 개념 으로 기억의 고착화를 설명한다. 재가중은 시냅스의 민감 도를 높였다 낮췄다 하는 것이다. 재연결은 시냅스의 개수 를 늘였다 줄였다 하는 것이다.

뉴런과 뉴런 사이의 교차로인 시냅스를 둑(댐)이라고 상상해보자. 여러 지류에서 흘러든 강물의 수위가 점점 높 아지면 결국 둑을 넘어 옆으로 물이 흘러간다. 시냅스는 다 른 뉴런들에서 받은 전류의 가중치(합계)가 일정 한도를 넘 으면 신경전달물질을 분비해 이웃 뉴런으로 화학신호를 전 달한다. 이때 그 한도를 역치 혹은 문턱 값threshold value이 라고 한다. 재가중은 시냅스 문턱 값을 조정하는 과정이다. 둑의 높이를 낮췄다 높였다 하는 것이다. 둑이 낮아도 뉴런 간 신호 전달이 이뤄지면 시냅스가 강해졌다고 표현한다. 강해진 시냅스는 크기도 더 커진다. 민감도가 높아져 적은 전류의 합계에도 이웃 뉴런으로 정보를 흘려보낸다는 뜻이 다. 재가중은 시냅스의 반응성을 조절하는 작업이므로 단 기 기억처리에 잘 어울린다. 악기에 비유하자면 다이얼을

돌려 그저 시냅스 볼륨을 키우거나 줄이면 되니까 외부 음향에 따라 신속하게 화음을 맞출 수 있다. 뇌 속에서 사고와 지각이 이뤄지는 지금 이 순간, 빛의 속도로 뉴런과 뉴런 사이에 신호가 오간다. 시냅스는 빨리 변하는 정보를 잠시 보관하는데 재가중 기법을 써서 임시로 기억을 유지한다. 민감도가 높아진, 즉 강해진 시냅스의 네트워크는 단기 기억이 된다.

반면, 그 후에도 뉴런과 뉴런 사이에 많은 정보가 계속 오가는 중요한 교차로(시냅스)는 아예 개수를 늘린다. 재연결은 시냅스 교차로를 신설 혹은 철거하는 대형 공사이므로 장기 보관에 잘 어울린다. 건설을 마치면 그 정보는 장기 기억으로 유지된다. 인체도 귀한 영양분과 단백질 재료를 인프라 설비 제조에 공급했으니까 오래 쓰고 싶을 것이다. 이처럼 뉴런은 교차로의 크기와 개수를 조절해 기억의 2단계 저장 작업을 수행한다. 차량이 빠르게, 그리고 사고 없이 안전하게 통행하도록 2가지 신공법을 동원해 도로를 공사하는 뇌는 영리한 토목 기술자이다.

Ⓑ 무엇이 다른가

뇌와 컴퓨터는 무엇이 다를까. 세포와 반도체, 유기질과 무기질, 전기·화학신호와 단일 전기신호… 뇌와 컴퓨터의 차이를 열거하자면 끝이 없다.

첫째, 뉴런은 1000분의 1초 단위로 작동한다. 앞 뉴런이 전류(스파이크)를 발생시키면 이 신호가 축삭을 따라가 뒤 뉴런으로 전달되는 데 평균 몇 밀리 초 정도가 걸린다. 반면, 컴퓨터 소자(트랜지스터)는 10억 분의 1초 만에 켰다 껐다를 반복한다. 전기신호의 속도로만 보면 컴퓨터가 뉴런보다 100만 배나 빨리 신호를 전달하는 셈이다.

둘째, 뇌는 진화하지만 컴퓨터는 제작된다. 가소성과 고정성의 차이다. 뇌 속의 시냅스는 연결 강도의 조절, 크기와 개수의 증감을 통해 변화하는 환경에 유연하게 적응한다. 컴퓨터도 인공신경망 가중치 조절을 통해 소프트웨어적 유연성은 조금 발휘하지만, 정보가 몰리는 길목의 반도체 숫자를 갑자기 늘리는 식의 물리적 가소성까지 자체 해결하진 못한다. 컴퓨터가 자가진단과 성능개선을 스스로 할 수 있다면 뇌의 경지에 오를 수 있을까.

셋째, 가장 큰 차이점은 정보의 처리 방식이 직렬과 병렬로 확연하게 다르다는 것이다. 현대 디지털 컴퓨터의 노이먼 구조를 앞서 설명했지만 하드웨어와 소프트웨어의 작업 순서, 즉 정보의 흐름은 순차적이다. 앞 칸에서 다음 칸으로 이어지는 긴 열차 모양이라 할 수 있다. 하드웨어는 입력 명령이 들어오면 장기 기억장치에서 정보를 인출해 RAM 작업대에 놓고 수정·가공을 한 뒤 이를 출력한다. 순서를 잘 지키는 이런 '모범적' 절차 준수로 인해 병목 효과라는 부작용이 생긴다. 가끔 컴퓨터가 잠시 작동이 멈추는 경험을 했을 것이다. 다른 부품은 작업을 다 마쳤지만 정보가 몰리는 특정 길목에서 교통 정체가 일어나 진행 속도를 떨어뜨린 것이다. 이런 구조적 한계를 넘어서기 위해 하버드 구조, 병렬 컴퓨팅 등 설계상의 대안이 모색되고 있지만 근본적 해결책은 아직 없는 상태이다. 소프트웨어 역시 프로그래밍 언어에서 보듯이 '안녕하세요'로 시작해 '그럼 다음에'로 끝나는 편지처럼 시작 명령부터 종료 명령까지 쭉 한 줄로 이어진다. 플로 차트^{flow chart}[35]는 이 편지를 시각화한 작업 흐름도이다. 아이언맨 피규어 조립 설명서나 볼로

---

35 '흐름도'라고도 하며 작업이나 공정의 순서를 시각적으로 표현한 그림을 말한다.

냐 스파게티의 레시피처럼 차례대로 작업해야 한다. 순서가 어긋나면 피규어와 요리는 완성되지 않는다. 수만 줄의 컴퓨터 코딩 문장 중에 버그가 몇 개만 있어도 오작동이 생긴다. 버그가 순차적 정보 진행을 방해하기 때문이다. 그래서 정보를 처리하는 논리 프로세서로 들어가는 입력 신호는 1개가 원칙이고, 많아도 2~3개에 그친다. 컴퓨터는 발음이 좋은 가수의 독창은 잘 알아듣지만, 합창단이 동시에 화음을 내지르면 혼동만 일으키는 셈이다.

반면, 사람 뇌의 뉴런은 개당 1000~1만 개의 시냅스를 형성한다. 훨씬 많은 정보를 한꺼번에 입력해도 동시에 유연하게 처리할 수 있는 고성능 병렬 처리 컴퓨터와 같다. 현재 최고 수준의 지능형 컴퓨터 프로그래밍이라 할 자율주행차 AI조차도 이 문제를 여전히 100퍼센트 해결하지는 못한다. 예를 들어보자. 사람의 눈에 해당하는 자율주행차의 시각정보 입력 센서는 카메라, 레이더, 라이다LiDAR[36]의 3종이다. AI는 카메라에서 들어오는 광학 정보, 레이더에서 들어오는 전자파 정보, 라이다에서 들어오는 3D 입체 매핑 정보라는 상이한 정보를 통합 해석하는 한편, 이미지 센

---

36   레이저 펄스를 쏘아 물체와의 거리, 형상을 파악하는 이미지 처리 기술

서에서 파악된 물체의 종류와 속도에 따라 충돌 위험성을 판단해 운전대와 브레이크를 실시간 제어해야 한다. 사람은 앞 차량의 속도와 옆 차선의 교통 흐름을 별 어려움 없이 무의식적으로 동시에 파악해 안전하게 운전한다. 게다가 한 손에 햄버거를 들고 음악을 들으며 친구와 잡담하는 여유까지 부린다. AI가 감히 넘볼 수 없는 '동시 작업의 묘기'이다. 이는 뇌가 넓은 겉질 표면에 분산 저장된 기억정보와 현재의 감각정보를 패턴 형태로 비교, 통합 처리하는 적분 integration 연산을 수행하기 때문이다. 뇌는 시간과 공간에 대한 적분 기계이다. 반면, 컴퓨터는 쇄도하는 현재 입력정보를 하나하나 쪼개서 순차 처리하는 미분differentiation 연산 기계이다. 뇌의 통합 연산 능력을 컴퓨터가 배우려면 하드웨어·소프트웨어 설계상 한계뿐 아니라, 아직 풀지 못한 뇌 통합처리 메커니즘의 비밀도 극복해야 할 것이다.

인공우주의 탄생

처음에는 아주 소박한 시도로 시작했다. 무한한 우주의 전체 복사본을 뜨려고 한 것도 아니었다. 그저 뇌 우주의 한구석, 덧셈과 뺄셈을 담당하는 수리적 계산 논리 영역을 흉내 내려 한 것뿐이다. 사람의 뇌를 모방한 기계, 컴퓨터는 이렇게 계산 기계로 출발했다. 인공우주로 커가기에는 아직 갈 길이 멀었다. 하지만 인간이 어린 지구의 끈적이는 유기질 늪에서 하나의 단백질 덩어리로 시작했듯, 컴퓨터도 대우주를 운행하는 별들의 궤도 계산에 투입된 기계 일꾼으로 첫 발걸음을 뗐다. 단백질 덩어리가 단세포 원시 생명에서 다세포 고등 동물로 맹렬하게 분열했던 것처럼, 컴퓨터 역시 무어의 법칙을 따르며 기하급수적 성장을 거듭했다. 컴퓨터의 계산 능력이 인간의 기억력을 넘어설 무렵 제2의 빅뱅이 일어났다. 갑자기 정신 연령이 확 높아진 것이다. 빅데이터를 분석하는 컴퓨터의 통계적 추론 알고리즘, 즉 인공지능이 일부 제한된 범위에서 사람의 문제 해결 능력을 넘어서기 시작했다.

인간 뇌의 디지털 쌍둥이Digital twin, 인공지능이 어떻게 태어나고 자라왔는지 전체 역사를 몇 줄로 요약하면 이렇다. 계산, 분석과 종합, 예측 같은 사람의 사고 작용을 기계로 대체해보려는 시도는 뇌 우주 개척사에서 오래된 일이다. 고대·중세의 신화시대를 지나 1822년 첫 아날로그 자동계산기 배비지 머신(차분기관), 개념 컴퓨터 튜링 머신과 인공신경망 퍼셉트론의 구상을 거쳐 1946년 진공관을 사용한 첫 디지털 컴퓨터 애니악, 그리고 마침내 1956년 미국 다트머스 회의에서 처음으로 '인공지능Artificial Intelligence, AI'이란 단어가 만들어졌다. 존 매카시, 마빈 민스키, 클로드 섀넌 등 이때 모인 선구자들은 사람의 천연지능을 본뜬 인조두뇌를 만들자고 다짐했다.

인공지능의 제작 접근법은 크게 2가지로 나뉜다. 상징주의와 연결주의이다. 상징주의는 어떤 개념의 상징을 설정하고 이와 연결되는 경로를 논리적으로 설계하는 사전 편찬식 접근법을 말한다. 규칙 기반rule-based, 사례 기반case-based 설계라고도 한다. 그리스 철학자 플라톤의 이데아처럼 현실의 감각(실재)에 대비되는 원형(관념)을 상정하는 것이다. '고양이' 하면 먼저 공통적인 추상적 원형을 먼저 정의한다. 귀가 쫑긋하고, 수염이 길며, 민첩한 행동거지를 가진 동물. 이렇게 관념상의 대표 고양이를 정해놓고 고양이에 이르는 다른 개념과의 연결 경로를 나무tree 구조로 짠다. 이 의미적 연관도를 온톨로지ontology 혹은 지식(개념)지도라고 한다. 생물학에서 동·식물을 분류하는 계통수와 같은 그림이다. 단어의 맥락상 의미를 지도로 짠 점이 다를 뿐이다. 이는 1960년대 인공지능의 초기 제작자들이 채택한 방법론이다. 그러나 컴퓨터가 이해할 수 있는 정의의 원형을 찾기란 사실상 불가능했다. 가장 밑바닥에 있는 기본 정의를 내렸다 해도 그 설명을 또 설명해야 했다. 결국 끝없는 순환론의 함정에 빠졌다. 인공지능 개발은 연구 포기 상태로 들어간다. 1차 겨울이다. 인공지능 분야는 약 30년이 흐른 후 제한된 영역에서 인간 지식의 사례 기반 설계 방식을 모방한 전문가expert 시스템이 나오면서 부흥을 맞아 다시 활발하게 연구되기 시작한다. 그러나 이 역시 한계에 부딪혀 인공지능은 2차 겨울을 맞고 또 한 번 오랜 침체기를 겪는다.

연결주의는 뇌 뉴런의 시냅스 재가중을 모방해 컴퓨터의 인공신경망을 구성하려는 시도로 출발했다. 1957년 프랭크 로젠블랫은 최초의 전자신경망 모델인 '퍼셉트론'을 만들어 엄청난 주목을 받았다. 하지만 직후에 MIT 마빈 민스키 교수는 퍼셉트론이 단순한 선형 구분[37]조차 못하는 한계가 있음을 비판하는 논문을 발표해 큰 타격을 가했다. 게다가 1960~70년대에는 인공신경망의 머신러닝 방식에서

---

37   다차원 공간의 변수를 단일 유클리드 평면에서 2개 그룹으로 구분 가능한지를 따지는 통계학의 분류 방법

요구되는 대량 계산 수요를 감당할 컴퓨팅 파워와 프로그래밍 기술도 부족했다. 연결주의 방식의 머신러닝도 긴 겨울에 들어갔다. 몇 번의 실패 끝에 2006년 딥러닝의 창시자 제프리 힌튼 캐나다 토론토대 교수가 여러 개의 계산층을 가진 새로운 다층 신경망을 구성, 획기적인 도약의 돌파구를 열었다. 2012년 이미지넷으로 불리는 세계 인공지능 이미지 인식 경연대회 'ILSVRC Imagenet Large Scale Visual Recognition Challenge'에서 토론토 대학팀은 2위와의 격차를 한참 벌린 우수한 성적으로 우승했다. 기계는 인간의 시각을 능가할 수 없다는 편견을 부순 쾌거였다. 개와 고양이의 사진 분류로 패턴 인식을 학습한 딥러닝은 무서운 속도로 똑똑해져 컴퓨터 모니터에서 픽셀을 인식하는 일에 탁월한 기량을 보여줬다. 데미스 허사비스가 설립한 딥마인드는 비디오 게임의 고전 아타리사의 벽돌 깨기 등 아케이드 게임을 인공지능이 차례로 정복하는 과정을 논문으로 발표했다. 그리고 다트머스 회동에서 60년이 흐른 2016년 이세돌은 알파고에 패배했다. AI는 가장 강력한 인간 지성조차 물리칠 수 있는 무시무시한 고등 인조 생명체처럼 보였다. 사람들은 경악과 동시에 공포를 느꼈다. 본격적인 인공우주의 탄생이었다.

자연지능과 인공지능

"뇌가 작동하는 원리도 다 모르는데, 어떻게 인간의 뇌를 모방한 인공지능을 만들겠나?"

리옌훙李彦宏 중국 바이두BAIDU 회장의 말이다. 인공지능은 자연지능인 뇌의 모방이다. 컴퓨터 하드웨어(반도체)와 소프트웨어(AI)는 뇌의 구조와 작동 원리를 흉내 내면서 기계의 한계를 넘고 있다. 뇌는 인공지능의 원본이다. 사람처럼 판단하는 강強 인공지능을 현실에 구현하려면 인간 뇌에 대한 깊은 이해가 필수적이다. 인공지능은 말 그대로 지능을 만들어내는 것이다. 지능이란 무엇인가. 뇌 과학자인 김대식 카이스트 교수는 "세상을 인식하고, 과거를 기억하고, 미래를 계획하는, 인간만의 고유 영역이 바로 지능"이라고 말한다. 지능을 연구하려면 뇌 속에서 만들어지는 의식, 감정, 기억과 학습, 추론 같은 고등사고의 작동 원리를 알지 않으면 안 된다. 뇌의 구조와 기능을 연구하는 학문이 뇌 과학이다. 뇌 과학은 생물학에서 출발한 자연과학이면서 철학적 질문을 던지는 인문학의 성격도 갖고 있다. 인간의 창의성과 도덕, 윤리 모두 결국 뇌라는 생물학적 원인에서 출발한다. 거슬러 올라가면 정신물리학psycho-physics의 발상과 같다. 인간의 정신, 마음을 뇌라는 물체의 분석으로 재구성할 수 있다는 이론이다. 뇌는 자연지능의 하드웨어이니까.

뇌는 흔히 신경의 숲으로 불린다. 컴퓨터로 비유하면 반도체 칩에 해당하는 뉴런 1000억 개를 1000조 개의 시냅스로 연결한 대형 정보처리장치이다. 그 무수한 배선의 지도를 우리는 알지 못한다. 숲속 나무들이 서로 어떻게 가지를 뻗고 손을 잡고 있는지 속속들이 모른다. 몸속의 작지만 가장 큰 기관, 뇌에서 21세기 첨단과학을 총동원해 알아낸 비밀이 아직은 극히 적다. 뇌의 95퍼센트를 우린 모른다. 인간 몸무게의 2퍼센트밖에 안 되지만 전체 소모 에너지의 20퍼센트를 사용하는 초고성능 소형 컴퓨터, 지능과 의식의 진앙震央. 뇌는 생물학과 컴퓨터공학이 만나는 융합과학의 마지막 미개척 영토이다. 천연우주인 뇌의 미답 영역을 먼저 점령하는 국가가 21세기의 최후 승자가 될 것이라고 과학자들이 예언하는 이유다.

AI를 더 잘 만들기 위해 뇌를 공부하는 연구 방향을 거꾸로 뒤집어보자. 고도화된 AI는 역설적으로 뇌 과학의 혁신을 가져왔다. AI 연구 결과를 뇌 과학에 적용하는 연구도 고도화된 것이다. 생물학은 컴퓨터의 막강한 계산력에 힘입어 더욱 빠르고 정밀해지고 있다. 뇌 모방에서 출발한 인공지능, 인공신경망은 생물·의료 분야를 디지털 전환하면서 시스템생물학의 창설로 이어졌다. 시스템생물학은 단백체·대사체·유전체 등 분자 수준까지 깊어진 생물학에 컴퓨터 네트워크 이론을 접목한 정보생물학이다. 뇌 과학의 새 분과인 계산신경과학computational neuroscience은 DNA 염기서열과 분자의 화학 성분, 뇌 신경회로 네트워크를 수학적 모델을 동원해 비트bit 단위로 시뮬레이션함으로써 힘들고 오래 걸리던 생체 실험의 시행착오를 크게 줄였다. 그리고 디지털 전환된 뇌 과학의 새로운 IT 융합 연구가 다시 AI와 뉴로모픽 반도체 칩 개발과 같은 컴퓨터과학의 발전으로 이어지는 선순환의 고리를 만들었다. 알파고를 만든 구글 딥마인드의 창업자 데미스 하사비스 역시 컴퓨터 천재이자, 인지신경과학 박사 학위를 받은 뇌 과학자로 정보기술과 생명기술 공부를 겸했다. 양쪽을 다 알지 못하면 21세기 과학기술의 선두주자가 될 수 없다.

뇌를 닮아가는 컴퓨터,
컴퓨터를 닮아가는 뇌

뇌와 컴퓨터가 서로를 향해 다가가고 있다. 뇌에 컴퓨터로 정보를 입·출력하고, 컴퓨터는 뇌의 구조와 기능을 닮아간다. 인간처럼 생각하는 컴퓨터, '생각 기계Thinking Machine'와 기계처럼 강력한 인간 '증강 인류Augmented Human'의 출현도 멀지 않아 보인다. 디지털 데이터를 뇌로 옮겨 심는 입력(업로드) 작업은 아직은 비현실적인 목표이다. 하지만 뇌에서 나오는 데이터를 출력(다운로드)해서 AI로 분석, 해독하는 일은 여러 연구자가 이미 하고 있는 현존 기술이다. 아직은 패턴을 분류하는 기초적 수준이지만 오래지 않아 뇌의 언어Neural Code를 읽고, 이를 컴퓨터의 언어Digital Code와 소통시키는 일이 가능할 것으로 믿는 낙관론자도 적지 않다. 일본 애니메이션 〈공각기동대〉에는 뇌의 일부를 전뇌電腦, Electronic Brain로 대체한 주인공들이 등장한다. 컴퓨터에 자유롭게 접속해 데이터를 내려 받고, 다른 전뇌의 해킹을 시도하기도 한다. 과학자들은 완전한 전자두뇌가 아니라도 뇌 일부를 컴퓨터로 보완하는 증강 인간은 곧 나올 수 있다고 믿는다. 피와 살로 된 생물학적 기관인 뇌가 금속과 무기질로 구성된 기계 컴퓨터를 보조 인공기관으로 받아들여 협업하는 구도이다.

뇌가 컴퓨터 쪽으로 접근하는 움직임과 함께, 컴퓨터는 인간 뇌를 닮는 쪽으로 가고 있다. 소프트웨어에서 혁신이 먼저 일어났다. 바둑기사 이세돌을 이긴 알파고는 딥러닝 인공지능의 강력함을 인상적으로 보여줬다. 딥러닝은 뉴런의 연결부인 시냅스가 외부 자극의 세기와 빈도에 따라 강화되는 정도가 달라지는 뇌신경과학의 시냅스 재가중 원리를 응용했다. 마이크로소프트가 투자한 오픈AI연구소는 2021년 초에 보통 인공지능의 10배가 넘는 1750억 개의 패러미터(매개변수)로 학습시켜 대학생 수준으로 논문과 언론 기사를 능숙하게 쓰는 자연어처리 인공지능 GPT-3을 선보였다. 이 인공지능은 심지어 인간의 일상 언어를 컴퓨터 프로그래밍 언어로 자동 코딩해주기까지 한다. 컴퓨터 하드웨어의 뇌 모방 역시 진행 중이다. 뉴로모픽 칩은 뉴런의 구조와 기능을 흉내 낸 반도체 칩이다. 소프트웨어 프로그래밍 없이 반도체 회로상에서 하드웨어적으로 기계학습을 시킬 수 있도록 아예 설계 단계에서부터 뇌세포를 모방했다.

2

머릿속을 해킹하라,
뇌 공학의 등장

뇌 공학은 뇌와 기계, 특히 컴퓨터를 접목하는 학문이다. 뇌
에서 나오는 신호 읽기, 뇌에 정보를 기록하는 뇌·컴퓨터 다
운로드, 업로드가 최종 목표다. 뇌 신호를 읽기 위해 컴퓨
터의 도움을 받는 다운로드 기술은 시도되고 있지만, 업로
드는 아직 요원하다. 뇌 신호를 종류별로 정확하게 판독한
후 다시 기계나 다른 뇌로 보내 원하는 동작이나 신체와 마
음의 변화를 유도하려면 중간에 컴퓨터의 막강한 계산력이
필요하기 때문이다.

인체와 컴퓨터를 연결하는 '뇌-컴퓨터 소통BCI', 뇌에

전자기·초음파 등 자극을 가해 원하는 반응을 이끌어 내는 '뇌 조절', 뉴런과 시냅스 연결을 모방한 '뉴로모픽 반도체' 설계 등은 뇌 공학의 대표 기술이다.

뇌와 컴퓨터를 연결하는 법

뇌 우주와 컴퓨터 우주 사이의 연결 통로를 뚫는 뇌 공학 대공사가 진행되고 있다. 지금은 주로 뇌에서 컴퓨터로 가는 일방통행로이지만, 컴퓨터에서 뇌로 가는 길도 개척 중이다. 앞에서 간략히 살펴봤는데 이렇게 뇌와 컴퓨터를 연결하려는 기술을 BCI, '브레인 컴퓨터 인터페이스'라고 부른다. 인터페이스는 중계소라는 뜻이다. 번역기, 통역기라고 생각해도 된다. 뇌에서는 전기신호, 자장magnetic 신호, 화학 신호 같은 여러 가지 정보가 나오는데 이걸 컴퓨터로 해독하는 작업 내지 장치를 말한다. 이 정보들이 너무 다양하고 복잡해서 인간은 잘 구분할 수 없지만, 인공지능이 신호마다 다른 고유의 패턴을 구별해 무슨 뜻인지 통역해줄 수 있다. 지문 인식과 비슷한 원리이다. 지문 인식기는 사람마다 다른 지문의 형태를 잘 분류해서 '이 지문은 이 사람 것'이라고 판정 내려준다. BCI는 뇌의 지문 인식기인 셈이다.

'뇌→컴퓨터' 연결통로를 만드는 작업 혹은 장비는 1960년대 '뇌-기계 중계Brain-Machine Interface, BMI' 기술로 출발했다. 뇌에 탐침을 꽂아 전기신호를 읽고 전달하는 침습적 방법이다. 이후, 수술 없이 두피 위에서 뇌파·뇌 자도磁圖 등을 측정하는 비침습적 BCI 기술로 발전했다. 양대 진영은 지금까지도 BMI, BCI 용어를 놓고 신경전을 벌인다. 하지만 BMI는 뇌에 직접 접촉하는 정밀 측정으로, BCI는 뇌 패턴 인식의 광폭 측정으로 서로의 장점을 보완하고 있다. BMI, BCI로 뇌가 외부로 내보내는 신호를 측정해 인간이 이해할 수 있는 이미지, 음향 등으로 출력하는 과정을 '뇌를 읽는다', '마음 읽기mind reading'라고 부른다. 뇌와 컴퓨터뿐 아니라, 사람이 컴퓨터와 직접 소통할 때도 이런 통역 과정이 필요하다. 인간은 컴퓨터에 자신의 명령을 입력하기 위해 천공기punching machine-자판-마우스의 순서로 손가락 인터페이스 기술을 발전시켜왔다. 최근에는 음성 인식이 주류 인터페이스로 자리 잡았다. 자연어 처리NLP[38]

---

38   Natural Language Processing. 컴퓨터가 사람의 일상 대화를
      판독하고 재현할 수 있게 하는 기술

기술이다. 그냥 친구와 대화하듯 스마트폰과 소통하면 된다.

그런데 BMI, BCI가 그리는 미래 인터페이스는 '생각'이다. 미국 브레인게이트 연구팀은 2012년 사지마비 환자가 휠체어에 앉아 생각만으로 컴퓨터에 연결된 로봇 팔을 움직여 자기 입까지 주스를 나르게 하는 데 성공했다. '팔을 당기자'는 생각을 할 때 나오는 뇌의 전기신호를 로봇 팔에 정확하게 입력시킨 것이다. 지금은 주로 신체 장애인을 돕는 보조 기술로 쓰이지만, 궁극적으로 사람이 손가락 하나 까딱하지 않고 모든 기계를 움직이는 게 목표이다. 페이스북은 2017년 뇌파로 문자를 입력하는 브레인타이핑 프로젝트 착수를 선언했다. 마이크로소프트도 2018년 생각만으로 소프트웨어를 조작하는 기술의 특허를 취득한 바 있다. 2021년 3월 페이스북 리얼리티랩은 '생각 인터페이스'의 프로토타입을 공개했다. 아직은 100퍼센트 생각만으로 컴퓨터를 조작하는 수준은 아니지만, 손가락을 거의 움직이지 않고도 뇌가 손가락에 보내는 신호를 읽어 원하는 입력을 할 수 있는 기술이다. 손목시계처럼 팔목에 차는 뇌 읽기 기계와 증강현실AR 안경을 결합했다. AR 안경이 눈앞에 띄운 가상 키보드나 버튼을 손목에 찬 기계로 클릭하면 된다. 이 기계는 손에 보내는 뇌 신호를 미리 읽고 손가락의

힘과 각도, 1mm의 움직임까지 포착해 아주 미세한 동작만으로 커서를 움직일 수 있다. 페이스북의 '지능형 클릭' 기술은 마음 읽기가 주된 기술이고, 손가락을 조금 움직이는 것은 보조적인 동작에 불과하다는 점을 강조하기 위해 손가락 2개인 장애인도 지능형 클릭을 문제없이 해내는 영상도 공개했다.

반대로 '컴퓨터→뇌' 연결도로를 만드는 작업 내지 장비는 '컴퓨터-뇌 중계Computer-Brain Interface, CBI'로 부른다. 컴퓨터의 신호를 뇌에 입력해 원하는 반응을 유도하려는 기술이다. BMI, BCI가 뇌의 출력 신호를 '읽는reading' 기술이라면 CBI는 뇌에 컴퓨터 신호를 '쓰는writing' 기술에 비유된다. 컴퓨터 용어를 빌려 뇌 다운로드, 뇌 업로드라고도 한다. 뇌를 읽는 기술도 초보 단계이지만 뇌에 쓰는 기술은 아직 먼 미래의 일이다. 그냥 뇌에 컴퓨터로 정밀 제어된 전기·초음파 등 자극을 줘서 병을 낫게 하거나 기분을 바꾸는 뇌 자극, 뇌 조절 정도가 시도되고 있다.

마지막으로 '뇌→뇌' 직통도로를 개설하려는 움직임도 있다. 중간에 컴퓨터를 거치지 않고 '뇌-뇌 중계Brain-Brain Interface, BBI' 기술로 한 사람의 생각을 다른 사람에게 전달한다는 개념이다. 역시 SF 영화에 등장한 텔레파시처럼 지금은 꿈에 가까운 목표이다. 하지만 수십 킬로미터 떨어진 방에 앉아 있는 B 실험자의 팔다리를 A 실험자가 머리에 쓴 뇌파 측정기의 전기신호만으로 원격 제어하는 데 성공했다는 논문이 최근 발표됐다.

감정과 기억력도 조절하는 시대

머리에 전류, 초음파, 자기장 같은 외부 에너지 충격을 가해서 우리가 바라는 쪽으로 정신 상태를 유도하려는 기술을 '뇌 조절'이라고 한다. 이때 뇌에 자극을 가하는 행위는 '뇌 자극'으로 부른다. 뇌에 가벼운 자극을 줘서 기분을 바꾸거나 우울증, 조현병 등 정신질환을 치료하려는 시도에는 오랜 역사가 있다. 전기가오리를 두통 치료에 활용했던 로마 시대의 기록이 남아 있을 정도다. 그러나 현대적인 뇌 자극 기술은 1800년대 전기로 정신질환자를 치료하려던 의사로부터 비롯됐다.

1804년 이탈리아의 정신과 의사 지오반니 알디니는 뇌에 전기 자극을 가하는 치료를 처음 시작했다. 1871년에는 미국의 의사 2명이 『전기의 의학·수술적 이용의 실제』라는 책을 펴내 최초의 뇌 전기 자극 치료 이론을 정립한 기록이 있다. 이후 1970년대 시각장애인의 감각 치료, 80년대 파킨슨병·뇌전증을 치료하는 뇌심부자극술DBS로 발전했다.

그러나 현재 의료 현장에서 가장 널리 쓰이는 경두개직류자극tDCS의 임상 실험이 본격화된 것은 불과 20년도 채 되지 않았다. 약한 직류 전기를 뇌에 흘려주는 이 방법은 인체에 안전한 전류의 세기와 자극 시간 등을 오래 연구한 후에야 치료에 도입될 수 있었다. 경두개직류자극은 1mA(밀리암페어) 수준의 매우 약한 전류를 두개골에 흘리는데, 두개골과 뇌 사이에 있는 뇌척수액의 액상 전기 전도도가 두피보다 5배나 높기 때문에 밖으로 새지 않고 효과적으로 뇌까지 전달되는 것으로 확인됐다. 그런데 왜 뇌에 직류 전기 자극을 가하면 치료 효과가 있는지는 아직 정확한 원인 규명이 이뤄지지 않은 상태이다. 전류가 뇌 안의 물을 전기분해 해 산성·염기성 농도를 바꾸고, 이 변화가 다시 뉴런 이온 채널의 작동에 영향을 줘 활성도가 달라진다는 주장도 있다. 하지만 전류 방향을 바꾸었을 때 활성도의 특성이 달라지는 점을 제대로 설명하지 못하는 약점이 있다. 2개의 전극 중 플러스 전극 아래쪽 뉴런의 활성도는 높아지고, 마이너스 전극 아래쪽은 오히려 낮아진다. 이런 선택적 활성화 작용을 의료 현장에 이용해서 뇌전증, 조현병 등 뉴런의 활성도가 너무 높아 생기는 질환에는 음극 전극을 붙여서 낮추고, 반대로 우울증처럼 활성도가 너무 낮아 발생하는 질환의 경우 양극 전극으로 활성도를 키워서 균형을 잡는 치료가 가능하다. 최근에는 뇌졸중 재활에도 많이 응용되고 있다고 한다. 죽은 뉴런 부위에 전극을 부착해 활성도를 높여주면 회복 가소성이 증대되면서 치료 효과를 볼 수 있기 때문이다. 전기 대신 자기장을 이용하는 경두개자기자극TMS 장치는 2008년 우울증 치료 목적으로 미 식약청FDA 허가를 받았고, 미국 뉴로페이스사도 2020년 뇌전증의 발작을 멈춰주는 반응성 신경자극기RNS로 허가를 받았다. 전기나 자기장뿐 아니라 빛, 초음파, 근적외선, 마이크로웨이브를 원하는 뇌 부위에 좀 더 정밀하게 쏘는 방법도 연구되고 있다. 특정한 빛의 파장에만 반응하는 좁은 범위의 뉴런 제어 기술은 2004년 광유전현상 발견 후 가장 각광받고 있는 최신 의술이다.

뇌 조절 기술은 아픈 뇌를 치료하는 목적뿐 아니라 기분을 좋게 하거나 집중력, 기억을 강화하는 용도로도 쓰인다. 이를 지능 증폭이라고 한다. 스키 고글처럼 생긴 눈가리개를 쓰면 여기서 나오는 소리와 빛으로 뇌를 자극해 기억력이 향상된다는 식의 광고를 본 적이 있을 것이다. 그러나 이처럼 효과가 검증되지 않은 유사 과학 수준의 상업제품이 아니라, 정식으로 인간의 인지 기능을 강화할 수 있는지 테스트하는 과학 실험도 진행되고 있다. 영국 옥스포드대 연구팀은 2010년 경두개자극과 비슷한 전류 자극을 뇌에 주입해 6개월 후 실험 집단과 대조군의 성적을 비교했더니 향상 효과를 보았다고 보고했다. 상상력을 보태면 휴대형 뇌 자극기를 갖고 다니면서 학교 시험시간 직전에 착용하는 모습도 가까운 미래에 볼 수 있지 않을까. 그러나 인간의 부족한 부분을 메워주는 보완 기술 말고, 이처럼 현 상태를 개선하려는 목적의 뇌 증강 기술은 여러 가지 윤리적 문제를 낳을 수 있다. 단적으로 말해 부잣집 아들만 성적이 올라가는 양극화 현상을 쉽게 상상할 수 있다. 외부에서 주입하는 뇌의 증강이 아니라 자신이 스스로 자기 뇌를 좋은 방향으로 조절하려는 다소 완화된 방식의 지능 증폭은 뉴로피드백neuro-feedback이란 이름으로 이미 제품이 팔리고 있다. 뉴로피드백은 뇌파를 소리와 영상으로 출력해 스스로 뇌의 자율학습을 촉진하는 훈련을 말한다. 자신의 뇌 상태를 모니터하면서 바람직한 뇌파 대역이 나오도록 자가 조절을 한다. 동양의 명상 같은 마음 다스리기 기법을 뇌 과학

화한 것이다. 알코올·약물 중독자의 재활 치료나 양궁 등 운동선수들의 집중력 강화에 보급돼 의료보험까지 적용될 정도로 보편화됐다.

뉴로모픽 칩

뉴로모픽 칩은 뉴런의 구조와 연결망을 모방한 차세대 반도체이다. 뉴런 코어로 불리는 중앙처리장치와 각 뉴런 코어를 연결하는 멤리스터Memristor 소자로 구성돼 있다. 뉴런 코어는 신경세포, 멤리스터는 각 세포를 연결하는 뇌 시냅스에 해당한다. 뇌의 기능적 처리 과정에서 시냅스에 정보가 일시 저장되는 점을 모방해서 저장 기능을 가진 멤리스터를 개발했다. 신경물리학을 활용한 뉴로모픽 반도체 칩은 뇌의 작동 방식을 실리콘 회로에 복사해 20만 개의 배열array을 구현, 이를 통해 1만 배 더 빠른 컴퓨팅이 가능할 것으로 기대된다. 딥러닝 소프트웨어가 아닌 반도체 하드웨어에서 AI 학습이 가능하게 되는 것이다. 현재 우리가 쓰는 컴퓨터는 전통적인 폰 노이먼 구조를 채택해 작업공간과 기억공간이 별도로 설계돼 있다. 하지만 뉴로모픽 칩은 멤리스터를 통해 작업과 기억을 동시에 하는 뇌의 병렬처리 방식으로 정보를 운용할 수 있다.

반도체 칩 수준을 넘어 아예 컴퓨터 전체를 뇌와 비슷하게 만들려고 하는 뉴로Neuro 컴퓨터 프로젝트는 EU에 의해 진행 중이다. 2013년 시작한 인간 뇌 프로젝트의 일환이다. 알파고의 딥러닝은 소프트웨어 부분에서 뇌를 모방한 것인데, 이 프로젝트는 전자공학적 기술을 통해 한 걸음 더 나아가 하드웨어도 뇌와 비슷하게 만들려고 한다. 뇌의 구조와 활동을 컴퓨터로 복제하는 뇌 시뮬레이션으로 동물 생체실험을 줄이고 데이터 실험으로 대체하려는 목적도 갖고 있다. 스위스 베른, 영국 맨체스터, 독일 하이델베르그 대학은 인간 뇌 구조를 복사한 뉴로 컴퓨터를 '생각 기계'로 명명하고 개발에 힘을 쏟고 있다. 그러나 인간·초인간 수준의 인공지능 실현 가능성을 놓고 투자 효과에 대한 의문도 제기되고 있다. 비판론자들은 컴퓨터에 비교할 수 없을 정도로 복잡한 뇌를 디지털화하는 일은 불가능하다고 공격한다. 하지만 낙관론자들은 뉴로모픽 칩 같은 하드웨어·소프트웨어의 실리콘 혁명과 갈수록 깊어지는 뇌 신경망에 대한 이해가 이를 가능하게 해줄 것으로 보고 있다. 이세돌이 절대 지지 않을 거라고 믿던 바둑 전문가들의 예상을 알파고가 뒤집었듯이 뇌 모방 컴퓨터도 가능해질까.

'브레인테크', 뇌를 파는 기업들

필립스는 네덜란드의 삼성전자이다. 병원용 의료기기 같은 고성능 전자제품을 주로 판다. 이 회사가 2017년에 '스마트 슬립'이란 상품을 내놨다. 귀에 쓰는 헤드폰 모양의 기계인 데, 잠잘 때 뇌파를 측정한 후 그 사람의 수면 패턴에 맞춰 가장 깊은 잠을 잘 수 있는 소리를 합성해 들려준다고 한다. '꿀잠'을 자도록 도와주는 '기절 베개', 아니 '기절 헤드폰'인 셈이다.

이렇게 뇌의 신호를 컴퓨터로 분석해 일할 때, 쉴 때 효과를 높여주는 기술이 여러 회사에서 상품으로 나와 있다. 이것을 뇌 기술, 브레인 테크놀로지, 줄여서 브레인테크 Brain-Tech라고 한다. **[표 3]**에서 다양한 브레인테크 기업의 상품들을 확인할 수 있다. 뇌에 전류, 초음파, 자기장 같은 자극을 줘서 우리가 원하는 정신 상태를 유도하려는 뉴로모듈레이션의 상업화 제품이다. 미국 하버드대학 의과대학 병원의 유승식 박사는 미국 항공우주국NASA의 의뢰를 받아

국가	제품명	내용	분야
필립스 네덜란드	스마트슬립 (2018)	수면 패턴을 뇌파 분석해 깊은 잠을 자는 데 적합한 음향을 발생	뉴로 피드백
마인드리프트 이스라엘	마인드리프트 (2015)	ADHD(주의력결핍 과잉행동장애) 아동의 뇌에 주의력 향상 자극을 제공	뉴로 모듈레이션
닐슨 미국	닐슨뉴로 (2008)	뇌파와 눈동자의 움직임을 추적해 마케팅 효과를 예측	뉴로 마케팅
헤일로 뉴로 사이언스 미국	헤일로 스포츠 (2016)	미세 전류로 뇌에 자극을 줘 스포츠 성적을 향상	뉴로 피드백
스파크 뉴로 미국	뉴로저니 (2019)	뇌 과학으로 동영상 광고의 효과와 성능 개선 서비스를 제공	뉴로 마케팅
마인브레인 테크놀로지 프랑스	멜로마인드 (2016)	불안증을 예방하는 최적의 음악을 뇌파 측정으로 찾아냄	뉴로 피드백
닛산 일본	브레인투비히클 (개발중)	운전자의 뇌파를 읽어 차 운전에 즉각 반영하는 마인드 드라이빙	BCI
엔터테크 중국	루나 (2018)	뇌 휴식에 가장 적합한 음악을 작곡, 제공	뉴로 피드백

[표 3] 세계의 브레인테크 기업과 주요 제품

우주인용 뉴로 모듈레이션 기술을 연구하고 있다. 먼 우주로 가는 여행에 약을 다 가져갈 수는 없다. 그래서 우주인의 우울증 치료, 기분을 좋게 만드는 뇌 자극기를 실어 가는 것이다. 좀 있으면 삼성전자에서 갤럭시 브레인 안마기가 나올지도 모른다. 실제로 삼성전자는 몇 년 전에 세계적 뇌 과학자 세바스찬 승을 영입해 신사업 전략부문 사장으로 임명했다.

뇌 공학의 산업화, 브레인테크는 의료, 뉴로피드백, 뉴로마케팅 분야에 빠르게 진출하고 있다. 특히, 의료 서비스에서 가장 많은 벤처들이 탄생했다. 미국 커널사는 뇌 마이크로 칩 이식으로 치매를 개선하는 연구에 주력해 2019년 쥐의 기억력 증강에 성공했다고 발표했다. 2020년 3월에는 자전거 헬맷 크기의 뇌 신호 모니터를 선보였다. 큰 침대만한 MRI와 PET 기기를 휴대형으로 크기를 확 줄였다. 무슨 음악을 듣고 있는지 뇌파로 맞추는 '사운드 ID'도 사람들을 놀라게 한 기술이다. 미국 페어 테라퓨틱스는 약물중독 치료 앱으로 미 식약청 승인을 받았다. 디지털 치료제Digital Theraputics, DTx는 화학 약물은 아니지만 건강 증진, 질병 치료의 효능을 내는 소프트웨어로 '머리로 먹는 약' '제3의 신약'으로 불린다. 앱, 게임, 가상현실VR 형식을 빌려 약을 먹거나 주사를 맞지 않아도 병을 고치는 신개념 치료제다. 기존 의약품처럼 임상 실험을 거쳐 보건 당국의 승인을 받아야 판매 가능하고, 의사의 처방도 필요하다.

　미국 헤일로 뉴로사이언스는 전류로 뇌에 자극을 줘 운동능력을 향상시키는 헤드셋 '헤일로 스포츠2'를 시장에 내놓았다. 미 프로야구 샌프란시스코 자이언츠가 사서 선수들에게 지급했다. 집중력을 높여줘 운동 성적이 좋아진다고 한다. 뉴로마케팅은 뇌파로 소비자의 반응을 파악해 기업의 마케팅 활동에 이용하는 조사 기법을 말한다. 조사 기관 닐슨은 2008년 뇌파 측정 및 안구 추적을 조합한 닐슨 뉴로를 개발해 고객사들에 제공했다. 일본 뇌정보통신융합연구센터와 NTT데이터경영연구소는 동영상 광고를 보는 시청자의 뇌 활동을 측정하고 AI로 인식 내용을 분석하는 광고 평가 솔루션을 2016년 출시해 독일 아우디가 채택했다. 스파크뉴로재팬도 2019년 동영상 광고의 효과 측정과 개선을 돕는 '뉴로저니' 서비스를 시작했다.

디지털 독심술,
당신의 마음을 읽는다

내 맘대로 움직이는 자동차가 있다면 어떨까. 손 떼고 운전하는 건 자율주행차와 마찬가지이지만, 컴퓨터가 아닌 뇌가 운전하는 염력 차인 셈이다. 이 기술이 가능하다면 드론도 복잡한 리모컨 없이 날릴 수 있다. 드론 조종을 배우러 학원에 갈 필요도 없을 것이다. 아직은 꿈이다. 하지만 생각만으로 컴퓨터 모니터에 글자를 쳐 넣는 마인드 타이핑은 진짜로 있는 기술이다. 오스트리아의 한 벤처기업이 '정신 타자기' 시제품을 2011년에 내놨다. 물론 장애인용으로 분당 10단어 정도의 속도에 그친다. 분당 100단어가 넘는 보통 사람의 타자 속도보다는 훨씬 느리지만 의사를 소통하기엔 충분하다. 이렇게 뇌의 신호를 컴퓨터가 읽어 다른 기계로 전달하는 기술을 마인드 리딩, '마음 읽기'라고 앞에서 배웠다. 페이스북과 마이크로소프트의 목표는 "오늘 날씨 어때?"하고 스마트폰에 묻는 지금의 보이스 인터페이스를 넘어 생각만으로 소프트웨어를 조작하는 기술이다. 조금 더 있으면 영화 〈엑스맨〉 시리즈의 초능력자처럼 생각만으로 물건을 움직이게 될 것인가.

그러면 마음은 어떻게 읽을까? 2장에서 뇌 지도를 그릴 때 안에서 그리기, 밖에서 그리기, 두 가지가 있다고 했다. 안으로 들어가려면 뾰쪽한 탐침을 뇌 속에 찔러 전기신호를 측정한다. 마음을 읽으려면 A라는 글자를 타이핑하고 싶다고 생각할 때 뇌에서 나오는 신호의 패턴을 컴퓨터가 잘 기록해두었다가 이걸 나중에 다시 컴퓨터에 입력하면 된다. 머리의 뇌파를 포착하거나 fMRI 사진을 찍는 것도 마찬가지이다. 오른팔을 올리고 싶다고 생각할 때 나오는 뇌파나 fMRI 영상 정보를 저장했다가 나중에 로봇 팔에 동일한 신호를 넣어주는 것이다. 뇌가 운동 신경에 보내는 명령의 패턴을 인공지능이 저장, 분석해서 거꾸로 마비환자의 로봇 팔다리에 입력하는 방법이다. 운동 신경을 작동하는 신호뿐 아니라 만약 꿈과 감정, 이성적 판단의 뇌 신호까지 해석할 수 있다면 남의 머릿속을 들여다보는 '디지털 독심술'도 가능할 것이다. "이런 뇌파가 나오니 이 사람은 지금 기분이 나쁘군" 하고 말이다.

물론 마인드 리딩에도 넘어야 할 산이 많이 남아 있다. 우리나라에서 뇌 공학을 깊이 연구하고 있는 임창환 한양대 생체공학과 교수에게 뇌 공학의 가장 큰 난관은 무엇인지 물어보았다. 그랬더니 그는 "뉴럴 코드neural code의 해석"이라고 답했다. 뉴런은 활동전위라는 스파이크형 전류를 방출한다. 이를 불이 붙는다, 즉 발화發火, firing한다고 표현한다. 단일 뉴런의 발화 패턴은 뇌가 외부로 쏘는 모스 부호이다. 임 교수는 우리가 아직 이 신호를 전부 알아듣지 못하고 있다고 설명했다. 현재 기술은 입력 코드와 출력 코드 간 통계모델을 만든 데 불과하다. 수많은 뇌 모스 부호의 빅 데이터를 딥러닝 방식으로 학습시켜 놓으면 조금 다른 새 부호가 들어와도 대강 이런 뜻 아닐까 하고 맞추는 식이라는 것이다. 하지만 뇌의 모스 부호는 사람마다 달라서 개인별로 맞춤형 데이터베이스를 만들어야 한다. 이것조차도 매일 바뀐다. 뉴런의 가소성 때문이다. 예를 들어, 로봇 팔을 움직이는 뇌 명령은 어제 1,2번 뉴런이었는데 오늘은 3,4번 뉴런으로 달라진다. 고정된 뉴런 조합이 독점하는 게 아니라 여러 벌의 보조 조합들이 돌아가며 일한다. 과학자들은 그래서 로봇 팔을 쓸 때마다 새로 인공지능을 학습시켜야 한다. 또, 역방향 전달도 극복해야 할 산이다. 우리는 눈감은 상태에서도 팔이 어디에 있는지 안다. 하지만 로봇 팔은 그렇지 못하다. 뇌가 로봇 팔에 신호를 전달할 뿐 아니라, 로봇팔도 뇌로 신호를 보낼 수 있어야 한다.

그렇다면 최근 들어 가장 뜨고 있는 뇌 공학 기술은 무

엇일까. 임 교수는 "미국 샌프란시스코에 있는 캘리포니아
대UCSF 에드워드 창 교수가 2019년에 성공한 뇌 신호의 음
성 합성"이라고 말했다. 기술의 개요는 이렇다. 뇌전증(간
질)으로 언어 능력을 상실한 환자의 뇌에 전극을 꽂고 주어
진 단어와 문장을 마음속으로 읽게 하면서 혀, 입술, 턱 등
을 제어하는 뇌 언어 부위의 신호를 기록해둔다. 컴퓨터로
이를 분석한 후 음성 합성기에 집어넣으면 환자가 떠올렸
던 문장이 스피커에서 쏟아져 나온다. 이 기술에는 '상상 연
설Imagined Speech'이란 이름이 붙었다. 분당 150문장으로,
보통 사람의 말과 비슷한 속도다. 눈동자의 위치나 뇌 신호
로 컴퓨터 커서를 움직여 한 글자씩 입력하던 기존의 방법
은 분당 10문장밖에 출력하지 못한다. 임 교수는 "이런 놀
라운 성과는 신경외과 의사, 뇌 공학자, 언어학자가 협력 연
구한 결과"라며 "상상 연설은 영어로만 가능하니까 우리만
의 한국어 음성 합성 연구가 필요하다"고 덧붙였다.

3

우주의 미래

천연우주와 인공우주는 평행우주가 아니다. 양자는 서로 밀접하게 연결돼 왕래하는 쌍둥이 우주이다. 인공지능은 아직 자연지능을 일부 영역에서만 모방한 이란성 쌍둥이에 불과하지만, 언젠가 특이점 구간을 통과하면 우리가 마음이라 여기는 영역까지도 복사해 인공 마음까지 갖춘 일란성 쌍둥이가 돼 둘을 구별하기 힘들지도 모른다. 물론 인간이 스스로 자기 마음을 모두 알게 되는 그 언젠가의 일이긴 하지만.

그래서 미래 우주의 모습은 아직 낯간지러운 아이디어

와 시제품 차원의 원시 우주이다. 하지만 대담한 과학자들은 우리가 알고 있는 은하계를 벗어나 다른 은하계로 건너가 보려는 도전을 멈추지 않는다.

두뇌 역설계,
컴퓨터로 뇌 시뮬레이션 하기

앞서 봤듯 역설계란 기계의 부품을 하나하나 해체한 다음 재조립하는 방식으로 원형을 재건하는 공학 기술을 말한다. 후진국이 선진국의 첨단 제품을 카피할 때 쓰던 수법이다. 예를 들어, 최신 전투기를 한 대 구매한 후 모두 분해해 각 부품의 제조법과 세부 연결사항을 파악해 아래로부터 전체를 쌓아 올리는 버텀업 방식으로 제조한다. 고도로 복잡한 시스템의 얼개를 단번에 알기 어려울 때 작은 단위로 분해해 야금야금 정복하는 미시적, 환원적 테크놀로지이다.

그런데, 인간의 뇌를 역설계 방식으로 해체한 다음 컴퓨터 뇌로 재구성하겠다는 야심 찬 계획을 실천하는 연구 집단이 있다. 스위스 로잔연방공과대학의 헨리 마크람 박사가 2005년부터 이끄는 '블루 브레인 프로젝트BBP'이다.

그의 궁극적인 목표는 2023년까지 우리 뇌의 모든 부분을 슈퍼컴퓨터 내에 시뮬레이션 모델링하는 것이다. 두뇌의 디지털 지도 혹은 수학적 모형을 만든다고 표현한다. 사전 준비 단계로 설치류(쥐)의 뇌 새겉질 시뮬레이션을 시작해 2008년 1만 개 뉴런, 2014년 겉질 전체의 완성본 디지털 지도를 공개했다. 마크람 박사의 블루 브레인은 EU에서 심혈을 기울여 추진 중인 거대 뇌 과학 연구계획 '인간 두뇌 프로젝트'의 핵심사업 중 하나다. 그리고 역대 가장 논란이 많은 과학 프로젝트이기도 하다. 블루 브레인은 인간 뇌를 컴퓨터 시뮬레이션으로 역설계한다는 기본 아이디어 자체의 무모함 때문에 반대가 끊이질 않고 있다. 가장 흔한 비판은 조 단위의 돈이 들어가는 대형 연구사업의 투자 우선순위가 잘못됐다는 주장이다. 블루 브레인이 완성된다 해도 다른 연구나 사업에 응용될 여지가 적기 때문에 보다 구체적이고 당장 실용화 가능한 다른 연구 사업에 자금이 먼저 투입돼야 한다는 의견이 계속 나오고 있다. 실제로 2014년 여러 연구자들의 비판적 공개질의서를 접수한 EU 당국은 블루 브레인 연구팀에 요청해 연구 주제와 투자 항목을 상당 부분 수정했다. 그러나 마크람 박사는 2009년 옥스포드대 TED 강연에서 쥐의 뇌 새겉질 뉴런 1만 개의 시뮬레이션

성과를 대중에게 설명했던 초기 연구 당시와 변함없이 20년 가까이 묵묵하게 프로젝트를 진행 중이다. 인간 뇌 시뮬레이션에 투입된 슈퍼 컴퓨터가 교체되는 등 몇몇 변화가 있지만 자연 뇌를 컴퓨터 안에 재건해 디지털 뇌로 만든다는 계획의 원형은 바뀌지 않았다.

도대체 그는 왜 뇌를 컴퓨터로 시뮬레이션하려는 것일까. 인간은 2만3000개의 유전자를 바탕으로 1000억 개의 뉴런과 1000조 개의 시냅스로 이루어진 뇌를 만들어낸다. 턱없이 적은 재료로 우주에서 가장 복잡한 구조물을 형성하는 비결은 반복이다. 자연은 무작위로 변화를 시도하다가 생존에 유리한 모범 사례가 나오면 그 패턴을 끝없이 반복한다. 뇌의 신경망도 같은 원리로 만들어진다. 뇌의 뉴런도 복잡하게 엉켜 있을 뿐 아무 규칙이 없는 것처럼 보이지만 주의 깊게 관찰하면 동일 패턴의 모듈이 반복되고 있다. 마크람 박사는 뇌의 반복적 모듈이 발견되는 시상의 새겉질 기둥neocortical column을 컴퓨터로 모사하고자 한다. 사람의 새겉질 기둥 1개는 높이 2mm, 지름 0.5mm 크기다. 여기에 6만 개의 뉴런이 들어있다. 그는 2015년 새겉질 기둥의 첫 번째 조각을 디지털 카피한 결과를 발표하면서 대수기하학의 해석을 동원, 뉴런 무리가 7~11차원의 엄청난 네트워크 구조를 순식간에 모래성처럼 쌓고 허물면서 신경회로를 갱신한다고 밝혀 유럽 뇌 과학계에 격렬한 논쟁을 불러 일으켰다. 뉴런 연결망neural network의 위상이 다차원이란 발견은 새로운 돌파구가 될 수 있을까. 뉴런의 합창이 한목소리로 부르는 제창이 아니라, 바하의 푸가[39]처럼 여러 성부聲部로 이루어진 복잡한 화음이란 사실은 뇌의 언어, 아니 노래를 알아듣는 첫 걸음이 될까.

인공해마와 증강인간

인간의 뇌를 전자화한 인공두뇌가 SF 영화에서는 심심찮게 나온다. 〈아이로봇〉의 주인공 써니는 자의식을 지닌 전자두뇌를 장착한 첫 로봇으로 설정돼 있다. 일본 애니메이션 〈공각기동대〉는 뇌의 일부를 전자두뇌로 대체한 주인공을 등장시켜 정보통신망에 자유롭게 접속하고 해킹하는 미래에 대한 상상을 보여준다. 〈매트릭스〉는 아예 인간의 뇌에

39　주제 선율을 한 성부가 연주하면 곧이어 다른 성부가 다른 음역에서 모방하는 형식으로 변주한 주제를 복잡하게 쌓아올리는 음악 기법. 기악적 돌림노래로 풀이된다.

지식 소프트웨어를 업로드해 1분 만에 무술의 달인으로 변신하는 모습을 그리고 있다. 뇌 전체를 전자 부품으로 만드는 것은 아직 꿈이지만 뇌 일부를 전자화하는 실험은 벌써 현실이 됐다.

우리는 2장에서 대뇌의 핵심 부위인 해마를 구경했다. 생김새가 바다에 사는 말, 해마를 닮았다고 해서 영어 이름도 똑같이 히포캠퍼스Hippocampus로 불린다. 뇌 심층부에서 기억과 학습을 담당하는 '과거의 뇌', 즉 둘레계통에서도 해마는 시상과 함께 핵심 부위로 꼽힌다. U자 형태의 구부러진 구조물로 좌·우뇌에 걸쳐 목걸이형 이어폰처럼 시상을 둘러싸고 있다. 시상은 후각을 제외한 외부 감각정보가 모두 집결하는 정보물류센터 같은 곳이다. 눈·귀·혀·피부에서 들어온 바깥세상 정보, 즉 시각·청각·미각·촉각 정보는 전부 시상으로 모인다. 그러면 해마는 시상에 모인 현재의 감각정보와 대뇌 겉질에 보관 중인 과거 패턴정보를 재빨리 비교, 처리한 후 장기저장이 필요한 필수 생존 정보는 다시 겉질로 보내고 임시 저장했던 정보는 버린다. 그래서 해마는 기억과 학습을 담당하는 '뇌의 학교'로 불린다. 특히, 임시 저장한 단기 기억 가운데 오래 보관할 만한 정보만 추려 대뇌 겉질의 저장창고로 보내는 단기 기억의 장기 기억 전환, 즉 기억 고착화가 주요 기능이다. 해마를 다치면 1시간 전, 하루 전 일도 기억 못 하는 금붕어 수준의 기억력을 갖게 된다. 뇌 과학자들은 해마를 가장 빠른 시일 안에 전자부품으로 대체 가능한 뇌의 조직 후보 1순위로 보고 있다. 6겹으로 된 대뇌 겉질에 비해 해마는 구조도 3겹밖에 안 돼 모사하기 비교적 쉬운 편이라고 한다.

2012년 대담한 실험 하나가 세상을 놀라게 했다. 미국 서든캘리포니아대학USC 시어도어 버거 교수가 해마의 구조를 모방한 반도체, 즉 해마 칩hippocampus chip을 제작, 생쥐의 손상된 해마 앞 부위와 뒤 부위 사이에 끼워 장기기억 능력의 일부를 회복시키는 데 성공한 것이다. 해마 앞쪽에 들어온 뇌의 전기신호를 중간에 이식한 컴퓨터 칩으로 분석해 해마 뒤쪽으로 넘겨주는 구조이다. 손상 부위를 건너뛰는 전자적 우회 통로를 만든 셈이다. 만약 인간 대상의 실험에서도 성공한다면 몇 시간 전 일도 기억하지 못해 고통받는 치매 환자들의 삶의 질을 높여줄 수 있는 기술로 자리잡을 것이다. 더 놀라운 실험도 계속됐다. 2014년에는 해마 칩을 이식한 쥐에게 시행착오 끝에 먹이를 찾는 학습을 시킨 후, 이때 해마에서 측정된 신경 신호를 다른 쥐의 해마 칩으로 전달하는 '기억 전송'도 실현시켰다. 두 번째 쥐는 한 번도 가본 적 없는 방에 들어가자마자 먹이의 위치를 금방 찾아냈다. 해마 칩에서 수집한 학습 정보, 즉 경험과 기억의 뇌 신호를 우리가 완전히 이해하게 된다면 영화 〈매트릭스〉에 등장하는 타인의 경험 이식도 가능해지지 않을까. 만약 〈공각기동대〉의 전뇌처럼 뇌를 완전히 보강하는 기술이 나온다면 증강 천재들이 더 좋은 세상을 만들어가는 유토피아가 될까. 아니면 비싼 기억력 보강 칩을 이식한 부잣집 학생만 전교 1등을 휩쓰는 끔찍한 세상이 될까. 과학자들이 뇌 윤리를 고민하는 이유이다.

살아 있는 바이오 컴퓨터

인간의 세포 속 단백질과 DNA 분자를 컴퓨터 소자素子처럼 정보 저장·처리 매체로 기능하게 만들 수 있을까. 분자의 화학 신호를 사람이 원하는 대로 조작해 살아 있는 생체(바이오) 컴퓨터를 만들자는 구상이 있다. 바이오 컴퓨터는 실리콘 칩 대신 단백질 같은 생체 분자로 소자를 구성하기 때문에 분자 컴퓨터, 유기organic 컴퓨터, 화학 컴퓨터, 나노 컴퓨터로도 불린다. 생명공학과 전자공학이 합쳐진 생체전자공학의 결실이다. 바이오 컴퓨터는 생물의 DNA를 메모리 반도체처럼 정보 저장 매체로 쓰려는 미래 컴퓨터 구상의 하나이다. 구체적으로는 DNA 데이터 저장 혹은 DNA 합성기술로 불린다.

DNA를 정보 저장 매체로 활용하려는 시도는 10년 전부터 있었다. DNA 분자는 전자회로 반도체보다 훨씬 많은 정보를 오래 저장할 수 있는 장점이 있다. DNA는 A(아데닌), G(구아닌), C(시토신), T(티민)의 4종류 분자로 구성돼 있다. 0과 1의 2진법을 쓰는 지금 컴퓨터보다 글자가 2개 더 많은 셈이다. 2^3=8이지만 4^3=64이다. 세 줄만 늘어놔도 표현할 수 있는 가짓수가 8배나 더 많다. 이론상 DNA 1g에 수백 페타바이트PB(10^{15} Byte)를 저장할 수 있다. 빅 데이터 시대를 맞아 정보 처리량이 폭발적으로 증가하면서 전 세계 메모리 수요는 현재 수십 제타 바이트ZB(10^{21} Byte)에서 2040년 7000만 ZB 수준까지 증가가 예상된다. 현재 플래시 메모리로는 1014kg의 실리콘웨이퍼가 필요하지만 그때 생산 능력은 108kg에 그쳐 메모리 부족에 직면할 것으로 전문가들은 보고 있다. 그러나 우리 몸의 설계도 DNA는 플래시메모리보다 집적도는 1000배 높고, 에너지 소모는 1억 배 낮다. DNA 1g에 CD롬 1조 개 용량의 정보를 담을 수 있을 정도다. 게다가 수백만 년 전 빙하기 때 죽은 매머드 사체가 시베리아 동토에서 발견됐을 때 DNA는 멀쩡했다. 현재 외장용 하드드라이브디스크HDD의 수명은 잘 보존해도 10년 안팎이다. DNA는 이론상 수백만 년까지 보관 가능한 정보 저장 능력을 갖고 있다.

이런 장점에도 불구하고 속도와 가격에서 DNA 메모리는 아직 현실적 경쟁력이 없다. 한 줄을 쓰는 데 수십 초가 걸리고, 돈도 많이 든다. 그래서 살아있는 DNA에 정보를 기록·보관·인출하는 기술은 생체 컴퓨터란 이름으로 양자 컴퓨터와 함께 미래 컴퓨터 개발 작업의 일환으로만 추진되고 있다. 전자두뇌가 SF 수준에 머물러 있듯, 생체컴퓨터도 아직은 매우 기초적인 단계의 선구적 실험만 있을 뿐이다. 2020년 10월 16일 국제학술지 『네이처 커뮤니케이션즈』에 논문 하나가 실렸다. 제목은 「분자 디지털 데이터 저장을 위한 광자 지향 다중 효소 DNA 합성」이다. 쉬운 말로 간단한 DNA 메모리를 만드는 데 성공했다는 것이다. 아니, 사람이 적고 싶은 정보 코드를 DNA로 합성해 냈다는 표현이 더 정확하다. 구체적으로는 수 초짜리 슈퍼마리오 배경음악(음성 데이터)을 DNA에 저장했다. 이를 재생하면 "삐삐 삐리리~"하는 게임 배경음악이 들린다. 플래시 메모리도, USB도 아닌 DNA 사슬에 음악을 새긴 것이다. 정확하게 말해 음성 데이터의 패턴을 DNA 인공 합성으로 재현한 것이다. 생체 컴퓨터까지는 아니지만 생체 반도체를 현실에서 만들었다고 할까. 이 논문은 분자 디지털 데이터 저장의 대가인 미국 하버드의대 조지 처치 교수와 그 제자가 주도했다. 특히 독성이 강한 기존의 화학적 DNA 합성 방법과 달리 생물의 DNA 합성효소를 이용해 친환경적이고, 한 번에 여러 줄씩 한꺼번에 합성할 수 있어 훨씬 빠르고 저렴한 생산이 가능하다고 보고했다. 꿈을 현실로 만들려는 '미친' 과학자들은 앞으로도 더 나올 것이다.

CHAPTER 5

우주의 지배자

광대한 뇌 우주의 주인은 누구일까요? 나를 나답게 만드는 그 무엇, 뇌에서 나오는 단호한 하나의 명령, 소리 없는 이 목소리의 정체는 무엇일까요? 날 걷고 뛰게 하는 몸의 조종사, 날 웃고 울게 하는 감정의 창조자, 미래를 상상하며 왜 사는지 고민하게 만드는 사색의 주체. 우리는 그것을 '마음mind' 이라고 부릅니다. 뇌의 정신 작용을 크게 지능과 마음 2가지로 나눈다면 인공지능은 뇌의 지능을 모방한 기술입니다. 이성, 추론 같은 논리적인 정신 작용이죠. 뇌의 논리적 측면은 컴퓨터가 흉내 낼 수 있어요. 그러나 인공 마음은 없습니다. 의식, 자아처럼 마음은 생각하고 있는 나 자신을 단일한 실체로 인식하고 통합하는 무형의 정신 작용입니다. 데카르트가 '나는 생각한다. 고로 존재한다'라고 스스로 설득할 때 생각하는 그 주체가 바로 마음입니다. 인공지능은 추론하는 자신을 인식할 수 없죠. 만약 자의식을 지닌 인공지능이 나타난다면 더 이상 기계가 아니라 생물이라고 불러야 할 것입니다. 살아있음의 의미를 새로 정의해야겠지요. 우리는 마음의 소유자인 인간에게 존엄성과 인격이 있음을 인정하듯, 인공 마음을 갖게 된 기계에 권리와 의무를 부여하게 될 겁니다. 하지만 마음은 아직 인간의 뇌에만 깃들어 있죠. 마음은 우리 70억 인류 저마다의 주인이요, 지배자입니다.

1

마음을 찾아가는 여행

뇌에서 어떻게 마음이 생겨날까

인간을 다른 동물과 구별 짓는 가장 큰 특징은 '생각한다'는 점이다. 우리는 온갖 생각을 한다. '점심때 뭘 먹지?' '고백을 할까 말까', 이런 사소한 결정도 내리고, '난 어디서 와서 어디로 가나' '산다는 게 뭐지', 이런 심각한 고민도 한다. '생각'은 자아를 인식하고, 과거와 현재에 근거해 미래를 꿈꾸게 한다. 과학자들은 이를 의식, 지각, 지능 등 몇 가지 범주로 나누지만 통틀어 '마음'이라 부른다. 철학의 이성, 자유의지나 신학의 영혼과 비슷한 개념이다. 제일 높은 자리에 앉아 나의 신체와 감정을 지배하고, 인간을 가장 인간답게 만드는 그 무엇, 그것이 마음이다.

그렇다면 여러분의 마음은 어디에 있을까. 가슴 속? 머릿속? 옛사람들은 심장에 마음이 있다고 생각했다. 한자 '마음 심心'은 그 자체가 염통, 즉 심장의 형태를 모방한 상형문자이다. 좌·우심실과 좌·우심방 4개의 방을 가진 심장의 구조까지 그대로 보여준다. '심장心臟'이란 단어도 '마음이 깃든 장기'란 뜻이다. 동양 한자 문화권만 그럴까? 지금도 서양인들은 사랑하는 마음을 '하트heart'라 부른다. 고대 이집트인도 마찬가지다. 마음의 거주지는 심장이고, 뇌는 쓸모없는 장기로 생각했다. 그래서 왕의 미라를 만들 때 의사가 콧속에 갈고리를 집어넣은 다음 뇌를 살살 잡아당겨 끄집어냈다. 쉽게 썩는 귀찮은 순두부 정도로 여긴 거다. 심장은 물론 잘 포장해서 다시 넣었다. 그래야 저승을 관장하는 신 오시리스가 사자死者의 심장을 저울에 달아 선악을 판별하고 천국행을 결정할 수 있다고 믿었다. 심지어 그리스의 위대한 철학자 아리스토텔레스도 뇌를 뜨거운 피가 올라갔다가 차갑게 식혀지는 냉각기로 잘못 알았다. 뇌가 인간의 마음이 사는 집이라고 제대로 알게 된 건 히포크라테스를 비롯한 의사들의 해부학적 지식, 지그문트 프로이트로 대변되는 심리학자들의 정신병동 치료 기록이 쌓이면서부터다. 뇌에 깃든 마음의 형성과 작동 원리를 조금이나마 알게 된 지는 얼마 되지 않았다. 지난 수십 년 동안 뇌 신경생물학이 매우 빠르게 발전하고 작동 중인 뇌의 변화를 여러모로 관찰할 수 있는 영상기기의 도움을 받으면서 머릿속 세포 덩어리, 뇌라는 물질에서 마음을 찾는 여행은 본격화됐다.

마음을 찾는 두 척의 우주선, 생물호와 심리호

뇌 우주 탐험에서 마음을 찾아가는 여행은 가장 어려운 코스이다. 마음은 보이지 않기 때문이다. 종교나 철학은 순수한 사고 실험이나 논리적 이론 체계로 마음의 본질을 찾으려 하지만, 뇌 과학은 실험실에서 여러 가지 방법을 동원해 가설을 철저하게 검증하는 실증적 과학이란 점에서 차이가 있다. 육체와 정신은 하나인가, 둘인가. 만약 하나라면 뇌에서 어떻게 마음이 생겨나는가. 이런 질문에 답하는 학문을

'인지認知, cognitive 신경과학'이라고 한다. '인지'는 외부의 자극을 받아 저장하고 다시 이를 출력하는 일련의 과정이다. 인식認識이라고도 한다. 지능과 정서, 의식의 토대이다. 인지를 그냥 생각, 마음과 동의어로 생각해도 좋다. 신경과학이 뇌 과학하고 거의 같은 말이므로, 인지신경과학은 '마음을 연구하는 뇌 과학'쯤 되겠다.

인지신경과학은 심리학과 생물학에 바탕을 두고 있다. 다시 말해 '생물호'와 '심리호'는 마음을 찾아가는 우주선들과 같다. 뇌 우주의 마음 탐사 여정은 이 2대의 우주선 항해 일지에 잘 기록돼 있다. 오래전 먼저 탐사에 나선 건 심리호이지만, 생물호의 첨단 '장비빨' 덕분에 마음의 비밀은 그것을 뒷받침하는 강력한 물증들과 함께 하나하나 구체적으로 밝혀지고 있다. 현대 뇌 과학은 이렇게 심리학에 생물학이 통합되면서 비약적 성장을 이루었다.

물질인 뇌를 잘게 쪼개면 세포-단백질-유전체의 순으로 작아진다. 하나하나의 소단위도 개별적인 생명 활동을 하지만 단독자는 아니다. 뉴런 1000억 개가 모여야 비로소 '나'라는 주관적 경험(의식)이 출현한다. 과연 뇌라는 물질에서 마음이 생기는가. 그렇다면 어디에서 어떻게 생겨날까. 양적 팽창이 일정한 경계를 넘으면 창발emergence

현상처럼 극적인 질적 변환이 일어나는 것일까. 심리학이 이 질문에 불을 댕겼다. 19세기 후반 독일의 지그문트 프로이트, 미국의 윌리엄 제임스는 각각 정신분석학, 실험심리학을 창설했다. 피와 살을 다루던 의학에서 정신을 따로 분리하고, 철학의 한 갈래로 추상적 관념 연구에 주력하던 심리학에 자연과학의 실증적 실험방법론을 더한 것이다. 특히 1960년대 탄생한 새로운 인지심리학은 이들의 과학적 후예로 우리 뇌 속에서 외부 세계가 어떻게 표상表象, representation[40] 되는지를 탐구한 학문이다. 다시 말해 감각기관에 의해 획득된 정보가 마음속에서 재구성되는 메커니즘을 파헤쳤다. 인지심리학은 행동주의behaviorism[41]의 실험적 엄밀성을 승계하면서 동시에 정신분석학처럼 정신의 작동 원리 규명에 초점을 맞췄다. 정신병을 앓는 환자를 관찰하고 이론을 만드는 것이 인지심리학의 주된 연구 방법이다. 인지심리학계는 마음이 고장 난 환자의 여러 사례를 수집·기록하고 일반인 대상의 심리실험도 고안했다. 마음은 보이지 않기 때문이다.

---

40   감각에서 파악한 외부 대상을 의식에 새기는 심상心像
41   심리학의 연구대상을 의식에 두지 않고 객관적으로 관찰 가능한
      동물의 행동에 두는 학문의 분과

한편, 신경생물학의 연구는 뇌세포 쪼개기, 전기신호 측정 같은 해부학·공학적 방법을 동원한다. 신경생물학계는 뇌 촬영과 뇌파 분석을 하며 뇌의 암호 패턴을 해독하려 애썼다. 마음과 달리 뇌는 만질 수 있는 실물이기 때문이다. 인지심리학과 신경생물학은 기억·학습·감정·언어 등 인간의 고등사고, 달리 말해 마음의 구조와 형성 과정을 찾는다는 점에서 같다. 그래서 하나로 합쳐져 인지신경과학이 되었다.

인지신경과학은 마음의 과학인 인지심리학이 뇌의 과학인 신경생물학과 만나 탄생한 21세기의 신생 학문이다. 인지신경과학자들은 심리학의 오래된 이론에 뉴런과 시냅스, 뇌파 연구에서 얻은 최신 뇌 신경생물학의 실험 성과를 덧붙여 '마음'이 어디에서 어떻게 생겨나는지 그 비밀을 조금씩 파헤치고 있다.

마음의 현재와 과거, 그리고 미래

마음은 과거와 현재에 근거해 미래를 꿈꾸게 한다. 인간만이 가진 이 능력의 형성 과정은 뇌의 발달 단계와 일치한다.

뇌는 현재의 뇌-과거의 뇌-미래의 뇌로 진화해왔다고 앞서 '삼위일체의 뇌'에서 설명했다. 마음도 지금 들어오는 현재정보를 즉시 처리한 후, 그 일부를 기억으로 저장하며, 이 과거정보와 현재정보를 버무려 미래 예측으로 재가공한다. 그리고 개체의 생존과 재생산에 기여한 우수한 예측은 다시 과거의 경험으로 보존하고 이를 현재정보와 비교하는 과정을 끝없이 되풀이한다. 현재-과거-미래로 이어지는 마음의 시간적 재형성, 수정, 업그레이드 과정이 곧 우리의 삶이다.

마음이 과거를 기록, 정리하는 시스템은 인지신경과학의 기억·학습 이론이 담당한다. 미래를 꿈꾸는 능력은 추론·예측 모델에서 다룬다. 마음이 현재를 받아들이고 대응하는 과정을 탐구하는 게 '인식론'이다. 지각 이론이라고도 한다. 이런 인식과 지각의 출발점이 바로 감각이다.

인간이 외부 세계의 정보를 어떻게 수용, 입력하느냐는 학자들의 오랜 연구 주제였다. 인간의 오감五感, five senses, 즉 보고 듣고 냄새 맡고 맛보고 만지는 감각은 태어나서 처음 익히는 기능들이다. 아기들은 눈도 뜨지 못한 상태에서 엄마의 몸 밖으로 나와 바깥 세계의 강렬한 자극을 경험하기 시작한다. 코와 귀, 혀와 피부로 들어오는 화학·

음향·미각·촉각 신호를 받아들이고 뇌에 아로새긴다. 이윽고, 눈으로 들어오는 빛 신호까지 분별할 정도가 되면 살아있는 한 생물로서 비로소 마음을 형성하는 일에 착수한다. 뇌는 움직이는 동물의 감각 신호를 신속하게 처리해 실시간 반응하는 행동으로 연결해주기 위해 생겨난 기관이다. 이동하는 눈, 코, 귀, 피부, 혀에서 입력되는 엄청난 양의 정보를 뇌는 어떻게 정리해서 현재의 외부 세계에 관한 인식을 만들어내는가. 이 질문에 처음 답하는 분야가 감각 연구이다. 최신 감각 연구는 뇌 속에 형성된 외부 세계의 종합적 인식 자체가 개개인이 느낀 '현실'이 된다고 결론 내린다. 아니, 실존하는 현실이라기보다 각각의 뇌가 현실이라고 파악한 '외부 세계관'이다. 두뇌 판版 가상 세계라고나 할까. 뇌가 외부에 존재하고 있을 것으로 추측한 형태, 냄새, 소리, 촉감, 맛이 내가 알고 있는 바로 이 순간의 현실이다.

2

감각과 기억

시각의 해부학적 연구

마음은 현재의 감각에서 시작한다. 마음의 자아self 측면을
강조하는 표현, 즉 인식은 지각知覺으로 생긴다. 지각은 감
각을 통해 인식에 이른다는 뜻이다. 감각론은 인식론, 즉 마
음 공부의 출발점이다. 그리고 감각 이론 중에서도 특히 가
장 많은 성과가 축적된 분야가 시각 연구이다. 시각은 전체
감각정보의 3분의 1을 차지할 만큼 중요하기 때문이다. 아
주 오래전부터 학자와 화가들은 외부 세계를 '본다'는 것이

무엇을 의미하는지, 눈과 머릿속의 어떤 경로를 따라 외부 형상이 마음에 새겨지는지 궁금해했다. 비밀이 어느 정도 밝혀진 건 불과 100년 전, 그러니까 20세기 초의 일이다.

인간이 '본다'는 감각을 완성하려면 다음과 같은 인체 내 처리 과정을 거쳐야 한다. 눈은 빛(전자기파)의 넓은 띠 band 가운데 400~700nm 파장의 가시광선만 받아들인다. 그 바깥에 있는 엑스선, 자외선, 적외선, 전파는 볼 수가 없다. 눈은 맨 앞쪽의 투명한 각막과 그 아래 수정체로 빛을 굴절시키고 초점을 맞춘다. 수정체는 렌즈, 각막은 렌즈를 덮는 보호필름이다. 우리 눈동자의 색깔을 결정하는 홍채는 각막과 수정체 사이를 뼁 둘러싼 납작한 도넛처럼 생겼다. 한가운데 동공이란 빈 구멍이 있다. 홍채 근육은 수축과 이완을 통해 이 동공의 크기를 키웠다 줄였다 하면서 수정체로 들어오는 빛의 양을 제어한다. 카메라 조리개에 해당하는 부위이다. 빛이 세면 동공이 작아지고 어두워져 빛의 양이 적어지면 동공이 커진다. 동공과 수정체를 통과한 빛은 안구 안에 투명한 젤로 꽉 채워진 유리체를 통과하고 이제 초점이 맞춰진 이미지는 눈 뒤쪽 망막에 닿는다. 망막은 시각정보의 입력, 즉 빛 자극이 이곳의 특수한 세포를 통해 화학·전기신호로 바뀌는 곳이다. 특수 세포 끝에는 시냅스가 달려 있어 신경전달물질 분비를 통해 시신경으로 신호를 전달한다. 망막에는 긴 막대 모양의 간상체杆狀體, rod와 원뿔 모양의 추상체錐狀體, cone라는 2가지 종류의 광光수용체 세포가 있다. 간상체는 밝고 어두운 명암을 식별하는 흑백 필름이다. 0.1Lux(룩스) 이하의 적은 빛 속에서 물체를 인식하는 '밤의 눈'이다. 안구의 중심에서 뚝 떨어진 망막 주변부에 약 1억2000만 개가 밀집해 있다. 추상체는 색깔을 식별하는 컬러 필름이다. 환한 빛 속에서 물체를 인식하는 '낮의 눈'이기도 하다. 수정체를 통과해 초점이 맞춰진 빛은 안구의 중심 황반에 맺히는데 황반의 뒤쪽, 망막의 한가운데 쪽에 약 600만 개가 분포돼 있다. 광수용체 세포 안에서는 빛의 자극이 로돕신의 합성 등 복잡한 화학적 처리를 거쳐 뉴런 간 화학·전기신호로 변환된다. 망막에 분포한 시신경은 이 신호를 감각정보 물류센터인 시상視床, thalamus을 거쳐 최종적으로 뇌 뒤통수엽의 시각피질까지 실어 나른다. 외부 세계의 빛 정보가 비로소 뇌에 도착하는 과정이다. 빛이 뇌의 감각 반응을 일으키는 이 일련의 과정을 시각광신호 전달 과정이라 부른다.

'본다'는 것은 무엇인가,
'마음'이 이미지를 인식하는 방법

우리가 눈을 통해 형상形象을 지각하는 방식은 카메라로 사진을 찍는 것과는 다르다. 광학기계는 렌즈를 통과한 빛을 매우 작은 점으로 나눠 감광판에 점묘화처럼 콕콕 찍어 이미지를 형성한다. 점 찍는 방식이 화학적 변환(아날로그 필름)이냐, 전자적 변환(디지털 파일)이냐의 차이가 있을 뿐이다. 그러나 우리 망막을 지나 뇌 시각피질에 도달한 빛 자극은 '해석'을 거쳐야 최종적으로 윤곽이 잡힌다. 이 해석을 담당하는 주체가 '마음'이다. 뇌는 단순히 광자光子, photon 조각을 모자이크해 그림을 짜 맞추는 게 아니라, 본다는 의식적 경험에 대응해 바깥 세계의 상상 스케치를 미리 그려둔다. 이 스케치는 마음이 수립해놓은 가설이다. 뇌 과학자들은 '내부 모형internal model'이라고 부른다. 뇌의 신경회로에 내장된 '추측 규칙'이다. 외부 세계에 관한 이미지 예측, 그러니까 뇌의 바깥에 있을 것으로 '짐작하는' 시각정보의 조합이다. 뇌는 감각기관으로부터 실시간 정보를 입력받기 전에 이렇게 나름의 실재實在, 가상 외부 세계관을 사전에 산출해서 저장해두고 있다. 시각의 경우, 외부 세계에 관한 상상 스케치는 뇌 뒤통수엽의 시각피질에 보관돼 있다.

그러면 '본다'는 형상 인식이 뇌에서 이뤄지는 전체 과정을 살펴보자. 과학자들은 '본다'는 인식 체계를 감각기관에서 들어온 정보를 뇌에 내장된 유사 모형의 틀에 맞춰보는 2개 그림 겹쳐 그리기 방식으로 해석한다. 눈에서 수집한 외부 빛의 조각 정보는 일단 망막 시신경을 따라 뇌 중심부의 시상으로 전달된다. 그런데, 이때 뇌 뒤통수엽 시각 피질에 보관돼 있던 이미지 예측 정보, 즉 상상 스케치도 함께 전달된다. 눈에서 모은 외부의 빛 정보 스케치가 1장이라면 시각피질에서 미리 만들어둔 예측 스케치는 10장이다. 시상은 예측 스케치들을 눈에서 들어온 현재의 빛 정보와 비교한다. 그 결과, 과거로부터 소환된 미래 예측과 현재의 빛 정보가 버무려져 가장 그럴듯한 이미지가 '그려진다.' 이것이 바로 이 순간 내가 보고 있는 그 이미지이다.

이런 시각 인식의 종합적 형성 과정을 안 지는 얼마 되지 않았다. 처음에 의사들은 뇌의 시상 부위를 해부해보고 깜짝 놀랐다. 시상은 후각을 뺀 시각·청각·미각·촉각의 모든 감각정보가 다 모이는 물류센터 혹은 도서관 같은 곳이다. 여기에서 이미지 정보는 뇌의 시각피질로, 소리 정보는 뇌의 청각 피질로 보내는 식으로 분류를 한다. 그런데, 시상에서 시각피질로 가는 뉴런보다 시각피질에서 시상으로 오는 뉴런의 가닥 수, 즉 신경섬유가 10배나 더 많았던 것이다. 예상과 달랐다. 눈에서 빛 정보가 들어와 시상을 거쳐 시각피질로 가는 신경회로는 감각정보 입력 순서에 따른 순방향이다. 반면, 역방향은 뇌에 원래 저장돼 있던 정보가 방금 들어온 감각정보를 만나러 가는 경로다. 순방향보다 역방향의 신경 도로 폭이 훨씬 더 넓다니!

그러니까 두 사람이 같은 사과를 본다 해도 서로 다른 사과를 보게 되는 셈이다. 머릿속 상상 스케치 10장은 사람마다 모두 다르기 때문이다. 그리고 이 상상 스케치는 끊임없이 변화한다. 경험과 학습에 의해 더 정교하게 발전해 나간다. 다른 말로 표현하면, 시각 시스템은 망막에 맺힌 2차원의 불완전한 패턴을 논리적으로 일관되고 안정된 3차원의 외부 세계 해석으로 변환하는 장치다. 우리는 같은 대상을 보고 다르게 해석하는 것이다. 그 결과, 같은 세상을 본다고 착각하면서 실제로는 서로 다른 세상을 보고 있을지도 모른다.

시각 인식의 형성 과정만 이러한 건 아니다. 과학자들은 '듣다', '냄새 맡다', '맛보다' 같은 다른 감각도 뇌 속에 내부 모형이 사전에 저장돼 있을 것으로 본다. 청각도 실제 들려오는 정보와 들릴 것으로 짐작되는 예측 정보를 비교해 종합적으로 외부 세계의 소리에 대한 최종 인식을 만들어 낸다. 우리는 들리는 걸 모두 다 듣는 게 아니라, 듣고 싶은 소리만 골라 듣는 것일 수 있다. 빛과 분자 농도, 공기 밀도, 온도, 압력 같은 온갖 정보들이 감각기관을 통해 뇌로 가면 마음은 이들 정보를 종합해 외부 세계가 어떤 상태인지 '해석'한다. 앞서 본 것처럼 2개의 밑그림을 비교해 나름대로의 그림을 그리는 것이다. 이렇게 외부 감각정보가 뇌에 도착해 해석이 끝나면 우리는 생각을 하고, 그 결과 행동과 결심을 하게 된다.

앞서 상상 스케치가 감각 스케치보다 훨씬 많다고 했다. 왜 마음은 이렇게 대량의 상상 스케치를 미리 만들어두는 것일까. 과학자들은 뇌가 시간과 에너지를 아끼는 절약형 CEO라는 데서 답을 찾는다. 시각을 포함해 외부 세계에서 실시간으로 들어오는 감각정보는 너무나 방대한 빅 데이터이다. 1초도 채 되지 않는 찰나의 순간에 엄청난 양의 정보를 해석하고 곧장 행동으로 옮겨야 살아남을 확률을 조금이라도 올릴 수 있다. 그래서 과거 경험에서 비롯된 미래 예측의 스케치를 여러 장 그려놓고 지금 막 입력된 현재의 감각정보와 비교해 차이가 나는 오류 부분만 급히 수정한다는 것이다. 뇌를 거리의 인물화 화가에 비유하면 의뢰인이 의자에 앉을 때마다 처음부터 전체 그림을 모두 그리는 게 아니라, 과거에 그려둔 인물화 중에서 현재 의뢰인과 가장 비슷한 그림을 찾아낸 다음에 그걸 바탕으로 하되 차이가 나는 부분만 조금 덧칠을 하는 셈이다. 시간과 에너지가 훨씬 절약되는 '꾀돌이' 화법이다.

마음이 보존한 과거를
'기억'이라 한다

학습은 과거를 기억하는 것이다. 이를 토대로 현재를 분석하고 미래를 예측할 수 있다. 인간은 다른 동물과 달리 과거 경험을 체계화해 '마음'에 보존한다. 그렇다면 기억은 뇌의 어느 부위에서 어떤 과정을 거쳐 만들어지는가. 기억을 통해 '배운다'는 것은 또 무슨 의미인가. 과학자들은 이 분야에서도 풍부한 설명을 찾아냈다.

마음은 감각을 통해 수집한 외부의 현재정보를 기초재료로 삼아 현실에 대한 나름의 인식을 형성한다. 이때 뇌에 저장된 과거 경험의 패턴, 즉 예상 스케치와 현재를 비교하는 겹쳐보기 방식으로 마음 판版 현실을 만든다고 앞서 설명했다. 기억은 정보를 기호화하고 보존한 다음 다시 불러올 수 있는 기능을 말한다. 현재의 정보 가운데 유용했던 경험을 뇌에 저장하는 과정이 기억과 학습이다. 감각 연구와 함께 과학자들이 가장 많은 관심을 기울였던 분야이기도 하다. 이들은 '획득-저장-회수'로 요약되는 기억 메커니즘의 순서에 따라 뇌가 정보를 어떻게 기록하고, 어디에 저장하며, 어떤 방식으로 소환하는지를 차례로 공략했다. 기억 연구의 과학사에서 해마의 일부를 절제한 익명의 환자 H.M.은 빠짐없이 등장하는 인물이다. 그는 수술 후 여러 가지 분열 증상을 보여주었다. '분열'이란 정신 활동의 다른 부분은 멀쩡한데, 방금 대화한 내용을 망각하는 것처럼 특정한 기능만 소실되는 것을 말한다. H.M.은 방금 벌어진 일은 잘 기억했으나 시간이 지나면 이를 몽땅 잊어버렸다. 단기 기억과 장기 기억의 분열이다. 그 외에도 기억상실증에 걸리거나 뇌 상해를 입은 환자의 임상 연구가 쌓임에 따라 학자들은 기억이 여러 개의 서로 다른 기능으로 구성된다는 결론에 이르렀다. 환자들이 다친 부위나 상태에 따라 어떤 기억은 아무 문제가 없는데, 다른 종류의 기억력은 망가진 모습을 보여줬기 때문이다.

명시적明示的, explicit 기억과 암묵적暗默的, implicit 기억의 구분이 대표적이다. 의사들은 기억상실증 환자 중 자신이 결혼해 자녀를 여럿 두고 있다는 수십 년 된 생활 기억은 완전히 잃어버렸는데 요리나 피아노 연주는 척척 해내는 경우를 보고 2개의 분열된 기억에 착안했다. 명시적 기억은 사람·장소·사물 등에 관한 기억으로 의식적인 회상이 필요하다. 무언가를 설명하는 서술적declarative 기억이라고도 한다. 반면, 암묵적 기억은 운동과 지각 기술 등에 관한 것으로 외우거나 떠올리려 애쓰지 않아도 되는 무의식적 기억이다. 절차적procedural 기억이라고도 한다. 명시적 기억의 예는 시험에서 좋은 점수를 얻기 위해 각 나라 수도의 이름을 암기하거나, 지난주 수요일에 뭘 했는지 과거를 되짚는 행동 같은 것들이다. 암묵적 기억은 반복된 자동 훈련을 통해 숙련성을 획득하는 특정 기술로, 자전거 타는 법이나 외국어 능력 등을 예로 들 수 있다. 명시적 기억을 다시 자신에 관한 개인적 기억, 즉 일화적episodic 기억과 모두가 공유하는 일반적 개념과 지식, 즉 의미적semantic 기억으로 분류하기도 한다. 하지만 괜한 혼동을 불러오는 중복 설명이 될수 있어 여기서는 생략한다.

러시아의 정신과 의사 코르사코프는 알코올 남용으로

기억상실에 걸린 코르사코프 증후군 환자를 처음 발견하고 이런 기록을 남겼다. "처음 환자를 만나면 악수를 하면서 인사를 나눈다. 그런 다음 환자를 떠났다가 2~3분 후 다시 가면 환자는 인사도 하지 않고 손도 내밀지 않는다. 환자에게 나를 본 적 있느냐고 물으면 없다고 답한다." 이 장면에서 환자는 의사와 만났던 의식적 기억 자체를 통째로 소실했다. 그래서 '코르사코프 선생님' 하고 아는 척을 하지 않고 처음 보는 사람 보듯 이상 행동을 한 것이다. 그런데 손을 내밀지 않는 행동은 기억상실에 의한 게 아니라 정상적인 태도다. 보편적으로 몇 분 전에 한번 손을 잡았던 사람에게 다시 악수를 청하지는 않기 때문이다. 이로부터 코르사코프는 악수 같은 무의식적 행동은 환자의 뇌에 기억의 흔적을 남긴다고 보았다. 즉, 환자는 누구를 언제 만났다는 명시적 기억은 잃어버렸으나, 왠지 손을 잡아본 적 있는 것 같은 무의식적 기억은 보존돼 의사에게 악수를 청하지 않았다는 것이다. 같은 기억 내에서도 이런 분열이 생긴다는 관찰은 기억의 분류 이론에 커다란 기여를 했다.

단기 기억과 장기 기억

우리는 감각기관에서 쏟아져 들어오는 폭포수 같은 외부 세계의 정보 가운데 주의·집중을 통해 걸러낸 소수의 물방울 정보를 내장 유사 정보와 맞춰보고 '현실'이라는 그림을 만들어낸다. 뇌가 지각한 이 현실은 잠시 머물다가 반복과 강화를 거쳐 '경험'이란 장기 정보로 보존 처리된다. 이때 잠시 머무는 '현실'을 단기 기억, 오래 보존되는 '경험'을 장기 기억이라 한다. 이런 2단계의 기억 절차는 학습을 연구하던 심리학자들이 체계화한 고전적인 분류법이다. 1800년대 말 감각 연구의 실험 기법에 감명을 받은 심리학자들은 기억과 학습 연구에도 피험자를 대상으로 한 암기 실험을 도입했다. '망각 곡선'으로 유명한 독일의 실험심리학자 헤르만 에빙하우스는 학습 후 10분이 지나면 망각이 시작돼 1시간 안에 급격한 기억 감소를 보이다가 약 한 달에 걸쳐 서서히 망각 과정이 진행된다고 보고했다. 한 시간과 한 달이란 시간 단위가 단기 기억과 장기 기억 구분의 출발점이 됐다. 초기에 1차 기억, 2차 기억으로 불렸던 2단계 기억 분류법은 단기 기억을 장기 기억으로 전환하려면 어떤 학습 방식이 필요한가를 실험한 '장기 고착화consolidation' 연구로 발전했다. 일반인 대상의 실험뿐 아니라 알츠하이머병을 앓거나 머리에 부상을 당한 환자의 기억상실 사례를 장기 관찰한 임상의학의 연구 성과도 힘을 보탰다.

　1900년대 후반 학자들이 정리한 장기 고착화의 비밀은 크게 2가지이다. 하나는 뉴런 접합부인 시냅스의 크기와 개수가 조절되는 '해부학적' 변화이다. 두 번째는 뇌 속의 단백질 합성이 장기 고착화에 영향을 준다는 '화학적' 변화이다. 해부학적 변화부터 보자. 뉴런의 연결 강도 변화는 재가중reweighting과 재연결reconnection로 나뉜다. 이에 대해서는 4장에서 한번 언급한 바 있다. 재가중은 발화 임계치(문턱 값)가 낮아지거나 높아져 시냅스의 민감도가 변하는 질적 변화를 의미한다. 재연결은 시냅수의 수가 줄거나 느는 양적 변화를 뜻한다. 재가중보다 재연결이 더 영구적인 변화에 걸맞다. 뇌는 처음에 정보 차량이 잘 달릴 수 있도록 뉴런 간 네트워크 도로를 포장하고 차로 폭만 임시로 넓히다가, 더 자주 왕래하는 네트워크는 아예 도로를 추가로 건설한다. 이렇게 재가중과 재연결의 개념을 단기 기억과 장기 기억에 대입하면 이해하기 쉽다. 그러나 '헤비언Hebbian 가소성'[42]이라 불리는 시냅스의 연결 강도 변화를 그대로 기억의 메커니즘 설명에 대입하는 일은 지나친 단순화로

흐를 위험이 있다. 예를 들어, 재연결에서도 더 자주 소통하는 네트워크의 시냅스 개수를 늘리는 게 아니라, 무작위로 건설된 뉴런의 초기 연결 시냅스 가운데 소통이 뜸한 네트워크의 시냅스를 제거함으로써 특정 연결망을 뚜렷하게 부각시키는 '남기기' 방식으로 강화가 이뤄진다는 설명도 있다. 기억의 시냅스 연결론은 아직 증거가 불충분하다. 하지만 유력한 설명 중 하나인 것은 사실이다.

다음은 화학적 변화이다. 노벨상 수상자인 에릭 캔들의 군소 연구에서 밝혀진 기억 고착화의 분자생물학적 분석이다. 바다 달팽이, 군소는 뉴런이 크고 개수도 적어 실험에 적합했다. 군소의 꼬리에 전기 자극을 가하면 아가미를 움츠리는 반사 행동을 한다. 군소의 감각 뉴런과 운동 뉴런 사이의 시냅스에서 나타나는 화학적 변화를 캔들은 면밀하게 추적했다. 꼬리에 충격을 받으면 감각 뉴런 말단의 시냅스에서 신경전달물질 세로토닌이 방출되고 연쇄적으로 글루타메이트 방출로 이어진다. 반복적인 글루타메이트 방출은 운동 뉴런으로 연결되는 시냅스 세기를 강화하고 이것

---

42   함께 활성화되는 뉴런끼리 연결성이 강화된다는 원칙으로,
      장기 강화Long-Term Potentiation라고도 한다.

이 군소의 단기 기억을 형성한다. 그런데, 이 과정에서 환상 AMP(고리 모양 아데노신 1인산) 단백질 분자가 연쇄 반응을 촉발한다는 사실이 발견됐다. 환상 AMP를 군소의 감각 뉴런에 주입하자 글루타메이트 방출량이 크게 증가했던 것이다. 기억이란 인지 과정의 생화학적 기반이 확인된 순간이다. 캔들은 1980년대 들어 단기 기억이 장기 기억으로 고착화하는 과정에서 CREB란 단백질이 키나아제 유전자에 결합해 발현을 촉진하거나 억제함으로써 새 시냅스를 만든다는 것도 확인했다. 단기 강화와 장기 강화의 분자적 메커니즘 양쪽을 모두 찾아낸 것이다.

뇌가 공간을 기억하는 법

1970년대 존 오키프라는 해부학자가 쥐의 뇌 해마 부위에서 공간을 인지하는 뉴런을 찾아냈다. 뇌에 전극을 단 쥐를 새로운 상자에 집어넣고 뉴런의 발화firing를 관찰했더니 특정한 위치에 도달했을 때만 활성화되는 뉴런이 있었다. 그는 이를 '장소세포place cell'라 이름 붙였다. 오키프는 쥐가 $1m^3$ 크기의 상자에서 약 32개의 장소세포들을 사용한다는 사실을 확인했다. 공간을 인지하는 뉴런이 따로 존재한다는 사실이 알려진 최초의 과학적 발견이었다. 그 후 다른 학자들은 차례로 뇌에서 머리방향세포head-direction cell, 격자세포grid cell, 경계세포boundary cell 같은 장소세포의 사촌들을 찾아내서 새 이름을 붙였다. 머리방향세포는 나침반처럼 내 몸이 어느 방향으로 가고 있는지, 격자세포는 전체 공간 중 어디쯤 내가 위치하고 있는지, 경계세포는 벽이나 귀퉁이처럼 경계선에 접근하고 있는지를 알려주는 장소세포이다. 오키프는 이 발견으로 약 40년 후인 2014년 노벨상을 수상했다.

쥐뿐 아니라 모든 동물은 장소에 들어설 때 매우 신중하게 그 공간을 탐색하고 머릿속에 지도를 그린다. 이 지도는 뇌가 공간을 파악한 인지 지도cognitive map라 할 수 있다. 장소세포들이 수집한 정보를 바탕으로 그린 상상의 지도라는 것이다. 그런데, 해마의 장소세포 활성화 순서는 실제 공간의 지형적 구조와는 전혀 상관없다. 예를 들어 쥐가 상자의 오른쪽 끝 문으로 들어가 앞으로 직진했다고 하자. 그러면 해마의 오른쪽 끝 장소세포의 불이 먼저 켜지고 앞으로 쭉 이어진 일직선의 장소세포들이 차례로 활성화되는가? 아니다. 장소세포의 활성화 네트워크는 해마의 이곳저곳에 흩어져 있고, 쥐의 이동에 따라 멀리 있는 세포들에 그냥 무작위로 불이 켜질 뿐이다. 이 사실은 오키프를 처음에 몹시 당황하게 만들었다. 해부학자인 그는 뇌의 새겉질에 손가락을 움직이는 운동 뉴런이 손가락의 실제 순서대로 나란히 배치돼 있다고 배웠다. 엄지손가락 운동 뉴런의 바로 옆에 검지손가락 운동 뉴런이 붙어 있다. 즉 외부 세계와 뇌 속 뉴런의 공간적 배치는 일치한다고 알고 있었던 것이다. 그런데 장소세포의 지형은 실제 공간의 지형적 구조를 전혀 반영하지 않았다. 달리 말해 공간의 구조도를 축소한 작은 지도가 해마 위에 새겨져 있는 게 아니라는 말이다. 오키프는 뇌의 공간 지도가 외부 공간을 입체적으로 베낀 사본과는 다르다는 점을 나중에 깨달았다. 뇌 공간 지도는 해마의 이곳저곳에 무작위로 저장한 발화 순서의 프로그래밍에 가까웠던 것이다. 지도 같이 실체가 있는 하드웨어가 아니라 뉴런 활성화 네트워크라는 무형의 소프트웨어였다. 크게 말해 뇌가 작성한 공간적 리듬이라 할 수 있다. 쥐가 A 방 안에서 그린 머릿속 지도는 그 방을 나와 B 방으로 들어간 순간 사라진다. 약 15분이 흐르면 B 방의 뇌 지도가 완성된다. 이 역시 C 방에 가면 사라진다. 그러나 다시 A 방으로 들어간 순간, 공간 세포의 발화 네트워크, 즉 소프트웨어가 잘 저장돼 있다면 똑같은 공간적 리듬이 머리에 재생된다. 쥐는 과거 공간의 리듬을 기억하고 두려움 없이 익숙하게 돌아다닌다. 이것이 뇌가 공간을 인식하는 방법이다.

당신이 잠든 사이에

수면의 뇌 과학에도 많은 연구 성과가 쌓여 있다. 3장에서 우리가 잠잘 때 뇌척수액이 마치 세척액처럼 뉴런 사이를 흘러 다니며 낮 시간의 활동 중 쌓인 당 찌꺼기와 신경전달 물질 노폐물을 씻어낸다는 야간청소 이론을 소개했다. 특히 우리나라 연구진이 뇌 하부 림프관이란 하수도를 세계 최초로 발견한 쾌거도 있었다. 잠든 사이에 머릿속에서 벌어지는 신기한 현상은 과학자들의 호기심을 자극했다. 프로이트는 꿈의 분석을 통해 무의식이란 새로운 정신의 차원을 찾아내 학계에 보고했다. 수면의 종류도 빠른 눈동자 움직임REM이 동반되면서 꿈을 꾸는 얕은 수면, 꿈을 꾸지 않는 깊은 수면의 2가지 타입이 밤새 되풀이된다는 생리학적 관찰이 보태졌다.

그런데 수면의 역할은 기억과 학습 분야에서 더욱 중

요하다. 뇌 과학에서 오랜 관찰을 통해 내린 일반적인 결론은 잠잘 때 단기 기억을 장기 기억으로 저장하는 고착화가 일어난다는 것이다. 뇌는 낮에 경험한 단기 기억들을 밤 동안 해마에서 재분류해 대뇌피질의 장기 기억 창고에 저장한다. 고착화가 일어나려면 의식의 집중과 반복이 필수적이다. 단기 기억이 장기 기억으로 저장될 때 뉴런 간 연결 부위인 시냅스의 가지 수가 증가하는 물리적 변화가 생긴다. 발길이 잦은 등산로가 더 넓어지는 원리다. 동시에, 뇌 속의 기억·학습 기관인 해마에서는 밤새 10만 분의 1초 단위로 쪼갠 토막 정보를 10만 개의 뉴런이 동시에 3000번이나 반복해 틀어보며 쓸 만한 정보를 선별한다. 넓은 범위의 뉴런 집단이 낮에 경험한 기억들을 잘게 토막 내서 마치 되감기한 동영상을 재생하는 것처럼 함께 재검토하면서 장기 기억으로 넘길 장면을 골라내는 것이다. 이때 해마에서 발생하는 날카로운 파형의 SWP파[43]가 바로 기억 고착화 과정의 뉴런 집단 동시 발화synchronization의 메아리로 해석되고 있다. 우리는 '1만 시간의 법칙'에 따라 달인이 되기 위해 수많은 반복 훈련을 거듭하지만, 뇌도 외부에서 밀려드는

---

[43]　잔물결 모양의 뇌파로 Sharp Wave Ripples의 준말

정보의 홍수 속에서 생존에 필요한 경험만 골라 오래 새겨 두기 위해 선택과 집중, 반복을 일상화하고 있는 것이다.

3

창조적인 시나리오 작가

안에서 밖을 보는 뇌

전통적인 뇌 과학은 뇌 자체보다 마음(인지)에 더 관심이 있었다. 어떻게 정신이 우리 주위의 세계를 받아들이는가를 궁금해한 것이다. 인간은 텅 빈 백지 상태로 태어나 경험을 쌓으며 마음이 형성된다는 '빈 서판' 이론 관점이 대표적이다. 멀리 거슬러 올라가면 2000년 전 그리스 시대 철학자 아리스토텔레스부터 중세의 신학자와 16세기 흄·로크 등 영국의 경험주의자, 19세기 실험심리학의 창시자 윌리엄 제임스 같은 과학자들 모두 이를 진리로 여겼다. 이들은 뇌를 스펀지처럼 일방적으로 외부 정보를 흡수하는 도구로 생각했다. 현대의 뇌 과학자들도 이런 관점을 이어받아 마치 뇌 과학의 목표는 외부 세계 정보를 처리하는 뇌 속 메커니즘의 규명인 것처럼 설정했다.

'뇌 과학의 혁명아' 미국 뉴욕의대 유리 부자키 교수는 이러한 전통적인 뇌 과학의 기본 전제를 뒤집는다. 그는 말했다. "뇌는 정보를 처리(해석)하는 게 아니라 '창조'하는 역동적인 미래 예측기계이다." 그의 견해는 수백 년간 내려온 '빈 서판' 이론을 180도 뒤집는 혁신에 가깝다.

부자키가 비판하는 이 전통 뇌 이론을 좀 더 자세히 살펴보자. '밖에서 안으로Outside In' 관점인 이 주류 이론은 인간의 뇌가 태어날 때 텅 빈 백지 상태였다가 하나둘씩 경험을 쌓음에 따라 학습 기억이 축적되고 상호 연결망도 강화되면서 성숙해간다는 시각이다. 부자키는 이런 관점이 그리스 철학이 기독교와 결합해 유럽의 사상계를 지배하면서 나왔다고 설명한다. 유일신을 믿는 기독교는 삶의 목적이 신의 뜻을 지상에 실현하는 것이라 가르쳤다. 그리고 신의 뜻대로 올바른 선택을 할 수 있는 존재는 인간밖에 없으며, 그 이유가 인간의 영혼 안에 신이 깃들어 계시기 때문이라고 여겼다. 여기서 신은 자유의지, 주체의식의 다른 이름이다. 의사결정자, 중재자, 뭐라 불러도 좋다. 감각기관 센서에서 수집한 정보를 뇌 속의 어떤 결정 주체가 판단한 후 행동으로 대응한다. '입력-결정-행동'으로 이어지는 매우 수동적이고 절차적인 뇌 작동 방식이다.

다른 과학자들은 이를 불변의 진리로 믿고 외부 정보와 내부 메커니즘의 경계를 찾아내는 것을 목표로 삼았다. 그래서 제3자(피험자)의 뇌를 향해 외부에서 정보(자극)를 입력하는 실험을 되풀이했다. 이런저런 자극을 가하면 어떤 다른 반응이 나오는지 사례를 수집한 것이다. 이는 뇌 블랙박스를 향해 외부에서 자극을 가해 밖으로 나오는 정보 조각을 다 모으면 하나의 그림이 완성된다는 개념을 바탕으로 한다. 개별 사례를 모아 전체를 이해하려는 환원적 방법이다.

부자키 교수는 이를 비판한다. "실험자는 자신의 뇌 속을 들여다보는 게 아니다. 피험자와 그 뇌 속에서 나오는 결과만 쳐다보고 있다. 전지전능한 신처럼. 그렇게 해서는 뇌에서 무슨 일이 벌어지는지 종합적으로 알 수 없다." 그는 또 철학과 심리학에서 정립한 의식, 감정, 동기부여, 기억 같은 추상적 개념 대부분을 부정한다. 인간이 머릿속에서 인위적으로 만들어낸 허구의 관념에 불과하다는 것이다.

그에 따르면 뇌는 자기조직적 연결망을 보유하고 있다. 스스로 미리 만들어놓은 뇌 내부의 연결 패턴이다. 그 레퍼토리는 무한에 가깝게 매우 다양하다. 뇌 속에는 외부 정보에 대응하는 거의 모든 종류의 학습 패턴이 원래 내장돼 있고, 감각 자극의 입력과 반응 행동의 출력에 맞춰 가장 잘 맞는 해석을 추출해 세계를 인식한다. 부자키 교수는 행동으로 획득된 경험을 통해 이 패턴은 의미를 갖게 된다고 설명하며 우리가 머릿속에 사전을 갖고 있다고 비유한다. 한·영 사전 자체는 한국어도 영어도 이해 못 하지만 각각의 언어를 번역할 수는 있다. 뇌는 모든 번역 패턴이 수록돼 있는 무의미non-sense 사전, 즉 정돈된 하나의 내장 시스템이라는 것이다. 마치 인공지능 논쟁 때 철학자 존 설이 예로 든 중국어 방[44] 비유와 비슷하다.

두개골 속의 좁고 어두컴컴한 방 안에 갇힌 뇌는 외부를 탐색하기 위해 눈동자를 굴리거나 팔다리를 흔드는 등 '행동'을 한다. 그 결과로 들어온 입력정보와 내장된 패턴을

---

[44] 튜링 테스트를 비판하면서 '방 안의 번역자는 중국어를 이해 못해도 번역은 할 수 있다'고 주장해 인공지능의 지능성을 부정한 사고思考 실험

맞춰보고 가장 그럴듯한 결론을 내린다. 그리고 이런 예측을 되풀이한다. 이를 '안에서 밖으로Inside Out' 관점 또는 내재론 모델이라 한다. 이 관점은 뇌를 '행동→피드백'의 반복적 절차로 외부 세계를 탐색한 다음, 그 결과를 하나의 시나리오로 만들어내는 창작자로 본다. 뇌는 가만히 앉아 외부 정보를 받아먹기만 하는 수동적 정보 처리장치가 아니다.

뇌가 자기조직화를 통해 발달한다는 내재론 모델은 풀리지 않던 질문에 새로운 해답을 주며 많은 장점을 인정받고 있다. 뇌는 자체 가설을 검증하기 위해 부단히 행동(운동)하고, 이를 통해 외부를 탐색하는 모험심 강한 탐험가이다. 뇌를 예측기계라고 부를 때 이 '예측'은 뇌가 파악한 외부 세계의 모습이다. 내가 본 모습과 네가 본 모습은 다를지도 모른다. 뇌는 정보를 처리(해석)하는 게 아니라 창조하는 것이다.

부자키는 신학·철학·심리학 등 쟁쟁한 선배 학자들이 정립해둔 세계관에 정면 도전해 새로운 인지신경과학 실험 결과를 잇따라 내놓았다. 그 공로로 2011년과 2020년 세계적인 뇌 과학상을 2번이나 받았다. 그는 2011년 저서『뇌의 리듬Rhythms of the Brain』에 이어, 2019년『안에서 밖을 보는 뇌The Brain from Inside Out』를 펴내며 자신의 연구 성과를 전문가뿐 아니라 일반인에게도 널리 알리고 있다.

자유의지라는 착각,
마음은 과연 나의 주인인가

"뉴런의 발화 패턴 혹은 뇌파를 관찰하고 있으면 쥐가 몇 초후 어느 방향으로 움직일지 미리 알 수 있다." 부자키는 이렇게 말한다. 미로의 갈림길에서 쥐가 오른쪽 혹은 왼쪽으로 회전하기로 결정해 실제 행동에 옮기기 전에 뇌 속의 오른쪽 혹은 왼쪽 방향 뉴런에 전류가 먼저 흐른다는 것이다. "에이, 쥐나 그렇지. 사람은 스스로 내 행동과 결심을 정하는 자유의지free will란 게 있잖아?" 과연 그럴까.

앞서 살펴봤듯이 외부에서 포착된 정보를 있는 그대로 수용하는 것이 아니라 내장된 과거 경험으로부터 추출한 예측 패턴과 맞춰본 후 '적정適定 현실'을 만들어내고, 이 가운데 효과적인 해석 판본을 다시 기억으로 저장하는 역동적 순환의 과정이 바로 마음이다. 마음을 우주의 지배자라 부르는 이유는 이런 과정을 통해 나의 행동과 결심을 정하는 주체라고 여기기 때문이다. '이렇게 해야지' 하고 마음을 정할 때 그 마음을 우리는 자유의지라고 좁혀 말한다. 근대 국가의 태동기에 프랑스, 미국 등 선진국에서 나온 인권 헌장은 스스로 자신의 몸과 마음을 통제할 권리를 첫 번째 기본권으로 선언한다. 신체의 자유, 주거 이전의 자유, 양심의 자유, 언론의 자유…. 합의를 바탕으로 한 자유의 제한된 일부 양도, 즉 국가에의 위임 같은 특수한 예외를 빼고 타율에 의해 내 운명이 결정된다는 건 삶의 목적을 잃어버리는 비인간화라 여겼다. 그런데 누구도 의심하지 않던 자유의지론을 뒤집어버린 과학적 증거 하나가 1979년 나왔다.

미국 캘리포니아 대학 교수 벤자민 리벳은 과학사에서 전설로 남은 유명한 실험을 설계했다. 리벳은 1964년 독일의 신경과학자 한스 코른후버가 발견한 '준비전위readiness potential'[45]를 세 단계로 나눠 더 정밀하게 분석해보려 마음먹었다. 당시 코른후버는 피험자의 머리와 손에 전극을 붙이고 오른손 검지를 움직여보라고 지시했다. 그러자 손 근육의 운동이 발생하기 1초 전에 뇌의 전기 활성화가 먼저 일어났다. 수백 번의 실험에서도 예외 없이 같은 현상이 관

---

45 수의隨意운동이 일어나기 전에 몇백 ms(밀리세컨드)에서 1초 정도 앞서 대뇌피질에 나타나는 느린 전류의 흐름

찰됐다. 그는 이를 자유의지의 전기 불꽃이라 여겼다. 자유의지 발동-뇌 전기 발생-근육 전기 발생의 순으로 본 것이다. 리벳은 코른후버의 자유의지 발동 근거를 찾기 위해 모두 세 가지의 시간을 측정했다. 뇌 전기 발생과 손 근육 전기 발생 시간을 잰 것은 코른후버와 마찬가지지만 행동을 결심한 순간, 즉 자유의지 발동의 시간도 기록해보고 싶었다. 리벳은 피험자를 둥근 시계 모양의 타이머 앞에 앉히고, 그 안에서 빠르게 돌아가는 화살표를 멈추고 싶을 때 손에 쥔 버튼을 누르라고 지시했다. 그러면 '눌러야지' 하고 결심한 순간, 즉 자유의지의 발동 시간이 기록된다. 물론 그 순간 손과 뇌의 전기 발생 시간도 쟀다. 어떻게 됐을까. 놀랍게도 뇌 전기 발생-자유의지 발동-근육 전기 발생순으로 시간표가 나왔다. 눌러야지, 하고 결심한 순간보다 뇌 뉴런이 준비 전위를 발생시킨 시점이 더 빨랐다는 이야기다. 구체적으로 300ms(밀리세컨드), 즉 0.3초 더 빨랐다. 앞서 등장한 부자키 교수의 표현에 따르면 뉴런의 전기(준비전위) 발생 모니터를 들여다보고 있는 과학자는 그 사람이 오른손을 들지 왼손을 들지 미리 알 수 있을 뿐 아니라, 좀 있다가 오른손을 들려고 결심하겠다는 것도 예견할 수 있다는 이야기다. 나의 결심이 0.3초 전에 미리 준비돼 있다면 이 결심은 내가 자유롭게 한 것일까. 리벳은 우리가 주체적으로 의사결정을 하고 행동한다는 관념은 망상일지도 모른다며 "의식은 의사결정 과정에 참여하지 못한다"고 단언했다. 그의 실험은 격렬한 철학적, 과학적 논쟁을 불렀다.

중간의 지루한 논쟁 과정은 생략하고 가장 최근의 유력 학설부터 먼저 소개하면 이렇다. 의식(마음)은 뇌의 무의식 단계에서 준비됐던 여러 대안 중 하나가 확정된 상태라는 것이다. 뇌가 사후에 한 자기합리화라고 해도 좋다. 즉, 자유의지는 무의식중에 결정된 조기 판단을 나중에 재확인하는 뇌의 추인追認 절차이다. 이 주장의 근거는 여러 연구자의 해부학 실험에서도 증명됐다. 방금 예로 든 '눌러야지' 하고 자유의지의 준비전위를 만드는 뉴런 집단은 가장 적게는 250개에 불과할 만큼 뇌의 극히 좁은 영역에서 관찰됐다. 그런데, 새겉질(신피질)에만 300억 개의 뉴런이 있다. 250개의 뉴런 소집단에서 시작된 준비전위는 0.3초 만에 다른 뇌 부위로 급속히 확산된다. 외부에서 자극이 주어지면 뇌의 극히 일부에 내장된 패턴 정보가 가동돼 무의식적인 결정이 먼저 이뤄지고, 이어 앞이마엽(전전두엽)과 마루엽(두정엽) 등 뇌의 주요 영역으로 전국 방송된다. 뇌 전체가 뇌 일부의 결정을 승인한 결과가 자유의지란 통일감이다.

다시 한번 정확하게 말하면, 의식 혹은 자유의지는 뇌의 작은 마을에서 시작된 소규모 방송이 뇌 우주 곳곳으로 퍼져나가는 대뇌 피질의 동조synchronization 과정이다. 미국의 유명한 신경과학자 라마찬드란은 이렇게 표현한다. "뇌의 새 겉질(신피질) 곳곳에서 이뤄지는 무수한 일들을 의식이 모두 알 수는 없다. 무의식은 평소 잔잔한 호수의 바닥을 흐르는 물처럼 조용히, 끊임없이 움직이고 있다. 새겉질이 제안하는 무의식 상태의 잔잔한 해결책 중 몇 가지는 의사 결정의 순간 '끓어올라' 의식적인 각성을 유발한다." 어떤가. 부자키 교수가 말한 '무의미nonsense 사전'의 비유와 닮지 않았는가. 미리 저장된 무수한 패턴의 정보 중 하나가 채택돼 현실로 확정된다. 무의식이 검토한 여러 해결책 중 하나가 확정돼 의식적인 결심으로 굳어진다.

마음은 뉴런 주식회사의 CEO

왜 뇌는 무의식 상태에서 소규모 결정을 먼저 내리고 나중에 이를 전체 규모로 확대할까. 왜 이런 '전달 지체process delay' 방식을 택했을까. 그것은 무의식이 의식보다 훨씬 많은 정보를 동시에 처리할 수 있기 때문이다. 절차적 기억의 예로 든 자전거 타기를 생각해보자. '자, 이제 페달을 밟아야지. 핸들은 왼쪽으로 꺾어야지' 하고 속으로 중얼거리며 의식적으로 자전거를 타는 사람은 없다. 어린 시절 배운 느낌을 되살려 무작정 올라타고 달리기 시작하는 게 보통이다. 의식은 한 번에 하나씩 주의를 집중하는 경직된 의사 결정에 능하다. 반면, 무의식은 훨씬 유연하게 멀티태스킹을 한다. 우리는 흔히 "머리를 비워야지" 하며 중요한 시합이나 시험에 임한다. 의식적으로 이것저것 떠올리기보다 멍한 느낌으로 아무 생각 없이 임무를 수행하는 쪽이 오히려 성과가 더 좋다는 걸 경험으로 알고 있기 때문이다. 선택권, 고려 사항이 너무 많을 때는 차라리 무의식이 낫다.

그러면 굳이 의식 혹은 자유의지는 왜 필요할까. 학자들은 이렇게 설명한다. 자유의지가 발동되는 느낌, 내 생각과 행동 사이의 인과 관계를 장악하고 있다는 저작권의 소유감을 가져야 그 경험을 기억하고 소환하기 쉽다는 것이다. 19세기 미국 실험심리학의 창시자 윌리엄 제임스는 의식이란 너무나 복잡한 뇌를 관리 감독하기 위해 고안한 별도의 감시 체계라고 말했다. 21세기의 젊은 뇌 과학자 데이비드 이글먼도 의식 혹은 자유의지는 개성이 강한 중구난

방 사원들을 한 방향으로 리드하는 CEO라고 묘사한다. 동시에 CEO는 자신이 속한 회사(뇌)에서 한 걸음 떨어져 외부인의 관점에서 바라보는 최초의 내부 감시자이다. 자유의지 혹은 의식(마음)은 이렇게 자기 자신을 객관화하고 사고와 행동의 일관성, 통일성을 부여하는 오케스트라 지휘자 역할을 하는 것이다.

데미스 허사비스는 2016년 알파고로 이세돌을 꺾은 후 카이스트에서 특강을 했다. 그는 알파고가 2개의 인공신경망, 정책망과 가치망을 이용해 이세돌과의 바둑 경기에서 이길 수 있었다고 소개했다. 정책망policy net은 무수히 많은 둘 곳(예상 착점) 가운데 과거 승리로 이어졌던 곳을 몇 가지 골라 추천하는 일을 한다. 여기에는 옛날 기보나 알파고 자가 대국의 승리 기록이 빅 데이터로 활용된다. 가치망value net은 정책망이 골라낸 몇 가지 승률 높은 둘 곳(예상 착점)을 하나하나 끝까지 전개해 결국 이기느냐 지느냐를 본다. 컴퓨터 모니터 화면을 보면 정책망이 추천한 후보 수들의 바둑돌 모양 원그림 안에 88.5 같은 숫자가 적혀있다. 이게 가치망이 계산한 최종 승률이다. 인간의 무의식과 의식에 대입해보면 정책망은 무수한 대안들이 존재하는 다양한 선택지 중 몇 개를 추려내는 무의식에 해당한다. 가치망은 선택된 후보 수에 집중해 반상 전체로 그 결정을 확산해보는 의식과 비슷한 역할을 한다고 볼 수 있다. 과연 허사비스가 의식과 무의식의 분업 구조에 착안해 알파고 알고리즘을 설계했는지는 모르지만 그 성능은 확실하게 증명됐다.

4

노래하는 뇌

불 켜진 뉴런의 연결 지도가
나의 '마음'이다

인간의 뇌세포는 전기·화학적 신호로 서로 소통한다. 뉴런 내에서는 활동전위의 전기신호로, 뉴런과 뉴런 사이에서는 신경전달물질이란 화학신호로 정보를 주고받는다. 전기신호와 화학신호의 전달 방식은 각각 나름의 장점이 있다. 전류는 좁은 범위 내에서 빠르게 멀리 전달된다. 반면, 화학물질의 전달은 느리지만 확산diffusion을 통해 가까운 곳에 넓게 퍼진다. 멀리까지 전달되는 분명하고 빠른 메시지, 가까운 곳에 퍼져나가는 흐릿하지만 느린 메시지는 마치 빛과 소리처럼 우리의 마음을 관통한다. 아니, 마음을 그린다. 양탄자 짜기에 비유할 수 있다. 씨줄과 날줄이 엮여 온갖 무늬를 그리며 태피스트리를 짜는 모습을 떠올려보라. 합창에 비유해도 좋다. 바리톤의 저음과 소프라노의 고음이 절묘한 화음을 이루며 아름다운 멜로디로 흘러나온다. 그림이든, 합창이든 뉴런의 연결은 '마음 양탄자', '마음 합창'의 직조법이요, 작곡법이다.

우선 전기신호부터 살펴보자. 외부에서 빛·소리·압력 등 자극을 받고 뉴런 안에 전기신호가 발생하는 현상을 발화發火, firing라 한다. 발화는 불이 붙었다는 뜻으로, 뉴런의 발화를 '흥분한다', '활성화active'라고도 표현한다. 흥분 상태는 다음 뉴런으로 전기신호를 넘겨줄 준비가 됐음을 의미한다. 뉴런 1개의 전기신호를 그래프로 그리면 뾰족한 침처럼 생긴 봉우리가 하나 생기는데, 이를 스파이크spike 혹은 펄스pulse라고 부른다. 스파이크는 뉴런이 흥분하는 아주 짧은 순간(1000분의 1초) 전류가 확 흐르다가 갑자기 툭 끊어져 생기는 못, 침 모양의 파형을 말한다. 펄스는 심장 박동처럼 짧은 순간의 진동을 뜻한다. 스파이크든 펄스든 뉴런 안에 전기 불꽃이 튀는 모양을 묘사했기에 '불이 붙었다'고 하는 것이다. 잠잠하던 뉴런에 불이 붙으면 흥분한 것이고 활성화된 것이다. 불이 붙지 않은 뉴런은 흥분하지 않은 것이고 비활성화된 것이다. 그러니까 뉴런은 불이 붙든지, 안 붙든지 2가지 경우밖에 없다. 디지털 컴퓨터의 전기 회로처럼 켜지든지(on,1), 꺼지든지(off,0) 2가지 상태만 존재한다. 실무율(all or none)의 법칙이다. 켜지면 소자와 소자가 연결돼 회로에 전기신호(전류)가 흐르고, 꺼지면 신호는 끊어진다. 이를 뇌의 모스 부호로 비유하는 과학자도 있다. 모스 통신은 점dot과 선dash, '또또또' 하는 짧은 음과 '쓰쓰쓰' 하는 긴 음의 2가지 조합으로 26개 알파벳 글자와 10개의 숫자를 표현할 수 있다. 2^5만으로 충분하다.

뉴런의 연결 방식이 연속적인 아날로그가 아니라, 0과 1의 단절적 디지털 방식을 택한 것은 네트워크를 형성하기 위함이다. "뉴런 1개는 바보이지만 연결된 뉴런들은 영리하다"라고 극단적으로 말하는 과학자도 있다. 켰다가 껐다가 하는 두 가지 신호 형태 자체로는 의미가 없지만 1000억 개의 뉴런들이 on, off를 반복하며 만드는 연결망은 무궁무진하다. 10개의 뉴런은 $2 \times 2 \times 2 \times 2 \times 2 \times 2 \times 2 \times 2 \times 2 \times 2$, 즉 $2^{10} = 1024$개 조합의 네트워크를 만든다. 1024개 종류의 의사소통을 할 수 있다는 뜻이다. 64개 뉴런만 해도 2^{64}=18,446,744,073,709,600,000. 1800경兄이라는 우주적 숫자가 나온다. 1000억 개의 뉴런은 우리가 상상할 수 없을 만큼 무수한 네트워크를 그렸다 지웠다를 반복할 것이다. 연결망 지도의 숫자는 우주에 존재하는 원자의 숫자보다 더 많을 테고, 네트워크의 모양, 유지 시간, 형성 속도 등도 모두 다를 것이다. 단 하나밖에 없는 그 네트워크는 오른손 을 들어 올리는 뇌의 운동 명령일 수도, 헤어진 연인을 추억 하며 슬픔에 잠긴 나의 감정일 수도, 뉴런의 복잡한 연결 방 식을 이해하려 애쓰는 지금 이 순간 해마의 기억·학습 리듬 일 수도 있다. 다시 말해 뉴런 하드웨어를 상호 연결하는 네 트워크라는 소프트웨어, 뉴런의 연결망 그 자체가 나의 감 각, 인식, 추론의 바탕 그림이다. 뉴런 네트워크가 바로 내 '마음'이고 나 자신이다.

전기신호에 이어 시냅스의 화학신호 전달 방법도 보 자. 뉴런과 뉴런 사이에는 20~40nm의 좁은 틈이 있고 이 를 시냅스라고 한다고 2장에서 설명했다. 신호를 보내는 쪽 뉴런의 축삭 끝 부분과 신호를 받는 쪽 뉴런의 가지돌기 끝 부분이 만나는 연결 지점이다. 보내는 쪽을 앞 시냅스pre- synapse, 받는 쪽을 뒤 시냅스post-synapse라고 한다. 앞 시냅스에서는 뉴런 내부를 달려온 전기신호가 시냅스 안의 소포小胞, vesicle를 터뜨린다. 물론 전기신호가 충분한 경우만 그렇다. 소포는 화학물질이 꽉 차 있는 지름 40nm 크기의 작은 원형 보자기 모양의 구조물이다. 화학물질이란 세로토닌, 도파민, 글루타메이트, 가바 같은 생체 내 신경전달물질 분자들이다. 뒤 시냅스에는 수용체라는 수신용 분자가 있어 앞 시냅스에서 흘러온 송신용 신경전달물질 분자를 붙잡아 화학적 결합을 한다. 화학자들은 이를 열쇠와 자물쇠로 비유한다. 서로 분자 구조가 딱 들어맞지 않으면 결합이 이뤄지지 않는 특징을 강조한 것이다. 뒤 시냅스 수용체에서 분자 결합이 충분히 강하게 일어나면 다시 받는 쪽 뉴런에도 불이 붙는다.

뇌는 합창하려고 투표를 한다,
뉴런의 가중투표 모델

송신 뉴런에 일단 불이 붙고 중간 시냅스의 화학 신호가 충분히 강해져야 수신 뉴런으로 전달이 이어진다고 설명했다. 그런데 이 표현은 정확하지 않다. 하나의 송신 뉴런에서 형성된 전기신호가 수신 뉴런에 곧장 불을 붙일 만큼 충분히 강하지 않기 때문이다. 신호가 이어지려면 여러 개의 송신 뉴런들이 동시에 발화해야 한다. 그래야 합쳐진 전기신호가 소포를 여러 개 터뜨려서 수용체도 대량의 화학 결합을 할 수 있다. 수용체의 화학신호가 충분해야 수신 뉴런에도 불이 붙는다.

송신 뉴런에서 수신 뉴런으로 전류가 연결되는 조건은 연결주의connectionism 학설이 설득력 있게 보여준다. 이 이론은 어떨 때 전기신호가 전달되느냐를 투표 모델로 설명한다. 수신 뉴런에서 여러 개의 송신 뉴런이 주는 전기신호의 표를 모두 합해서 의결정족수가 넘으면 의안(전류)을 통과시킨다는 것이다. 이때 의결정족수를 임계치, 역치 또는 문턱 값이라고 한다. 여러 지류에서 흘러온 물이 댐의 수위를 넘으면 넘쳐흐르는 원리이다. 댐의 높이가 바로 문턱 값이다. 앞서 단기 기억의 장기 기억 전환, 즉 기억 고착화를 설명하면서 시냅스의 재가중은 문턱 값을 높이거나 낮추는 조정이라고 설명했다. 문턱이 높아지면 송신 뉴런의 전류 합이 웬만큼 커져도 수신 뉴런으로 전류가 넘쳐흐르지 않을 것이다. 이를 시냅스(연결)가 약해졌다고 표현한다. 문턱이 낮아지면 시냅스가 강해졌다고 한다. 민감해졌다는 뜻이다. 그런데 뉴런의 투표는 1인 1표의 민주주의 방식이 아니다. 강한 시냅스를 가진 송신 뉴런은 표의 크기가 크다. 시냅스의 세기는 수신 뉴런이 스파이크를 일으킬지 결정할 때 그 시냅스의 표가 갖는 가중치를 나타낸다. 더 자주 연결되는 뉴런끼리는 문턱 값이 낮아지면서 시냅스가 강해진다. 표의 크기도 커진다는 의미이다. 실제로 전류도 더 세진다. 여러 개의 뉴런이 순서대로 반복해 활성화하면 1번 뉴런에서 마지막 뉴런의 순서로 연결이 강화된다. 또 여러 개의 뉴런이 동시에 반복적으로 활성화하면 이들 간의 연결은 양방향으로 강화된다. 현미경으로 보면 송신 뉴런 축삭의 끝은 수신 뉴런의 가지돌기에 시냅스를 형성할 때 다른 사람의 손을 꽉 움켜쥐는 형태를 보인다. 나중에 이 시냅스가 제거되면 축삭은 잡고 있던 손을 놓으면서 길이가 짧아지고 움츠러든다.

송신 뉴런으로부터 받은 표를 집계하는 장소는 수신 뉴런의 세포체이다. 표를 덧셈 방식으로 쭉 더하다가 의결정족수인 문턱 값이 넘는 순간, 세포체가 스파이크를 만든다. 이렇게 수신 뉴런의 축삭에 전기 불꽃이 튀면 다음 수신 뉴런의 세포체에 다시 1표를 행사하고 또 집계가 시작된다. 이런 식으로 발화가 연속적으로 성공해 이어진 뉴런의 경로를 신경회로라고 한다. 양탄자를 짤 한 줄의 실이 엮인 것이다. 혹은 화음을 이룰 한 마디의 음절이 작곡된 것이다. 한 줄의 실, 한 음절이 차곡차곡 쌓이면 화려한 문양의 태피스트리, 웅장한 화음의 합창으로 완성된다. 뇌의 노래, 아름다운 합창을 들으려면 뉴런이 투표해야 한다. 1명의 유권자 뉴런은 바보이지만 다수 유권자들이 이뤄낸 집단 지성은 현명한 군중의 지혜로 뇌 민주국가를 이끈다. 수많은 뉴런의 합창에서 우리의 지능과 의식이 탄생한다. 마음은 결국 뉴런 합창단이 창조하는 멜로디와 박자, 화음으로 이뤄진 한 곡의 노래인 것이다. 당신은 몇 곡의 노래를 부를 수 있는가. 아마 삶의 레퍼토리는 무궁무진할 것이다. 왜냐하면 하나의 노래도 무대마다 다양한 편곡으로 변주되기 때문이다. 똑같은 노래는 하나도 없다. 라이브로 부를 때마다 달라진다. 플레이리스트 버전은 매일 새로워진다. 뇌는 늘 새 노래를 부르는 가수다. 그리고 그 노래가 바로 당신이다. 여러분은 당신 뉴런들의 합창이다.

뇌가 송출하는 비밀신호, 뇌파

우리는 뉴런이 이웃 뉴런에 전기신호를 전달하는 투표 장면을 보았다. 이때 뉴런 간 연결고리, 즉 전기신호의 이동 경로는 신경회로이고, 여러 개의 회로가 모여 아름다운 화음을 이룬다고 설명했다. 뇌파腦波는 이 화음을 눈으로 볼 수 있도록 만든 과학자들의 악보이다. [표 4]에서 다양한 뇌파를 볼 수 있다.

단일 뉴런의 발화가 이웃 뉴런으로 전달될 때 전기적 활동도 동조同調, synchronizing돼 파동의 형태로 나온다. 이것이 바로 뇌파다. '뇌의 리듬'으로 표현하기도 한다. 방송국 송신탑처럼 뇌는 여러 주파수의 전파를 내보내는 대규모 모스 부호 발생기인 셈이다. 뇌파는 사실 1개 뉴런에서 다른 뉴런 1개로 신호가 전달되기보다 다수의 뉴런 집단에서 다른 영역의 다수 뉴런 집단으로 신호가 전달되는 과정에서 관측된다. 가수 1명의 노래를 옆 가수가 받아서 부르는 돌림노래가 아니라, 합창단 바리톤 파트의 화음을 옆 칸의 소프라노 파트 성악가들이 받쳐주는 단체 화음이다. 뉴런들의 마을 대 마을 노래자랑인 것이다. 운동장의 파도타기 응원을 상상하면 쉽다. 스타디움의 오른쪽 끝 A섹션에 앉아 있는 관중이 "와~"함성과 함께 두 팔을 번쩍 들면서 일어나면 차례로 B, C, D, E 섹션의 관중으로 응원이 전달돼간다. 이때 팔을 들면서 일어나는 동작은 뉴런의 집단 발화, "와~"하는 함성이 메아리처럼 운동장을 삥 돌아 울려 퍼지는 리듬이 뇌파인 셈이다.

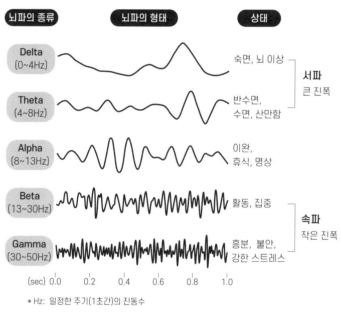

[표 4] 뇌파 진폭과 주기 도표

과학자들은 심장의 심전도를 측정하듯, 뇌 전기신호를 포착하는 모자 형태의 측정기를 머리에 씌우고 뇌파도EEG 데이터를 얻는다. 뇌파의 종류를 파형이 완만하고 느린 장파長波에서 가파르고 빠른 단파短波 순으로 나열하면, 델타-세타-알파-베타-감마로 분류된다. 이 중 델타파와 세타파는 잠잘 때 주로 나타나는 수면파로, 알파·베타·감마의 활동파에 비해 비교적 연구가 많이 진행돼 해석도 통일된 편이다. 델타파는 꿈을 꾸지 않는 숙면, 세타파는 꿈꾸는 렘REM 수면 시 주로 관찰된다. 델타파가 나오는 숙면 시간대에 뇌 속 기억과 학습 부위인 해마 속에서는 SWRSharp Wave Ripples이란 뾰족뾰족한 잔물결 뇌파도 대량으로 발생한다. 이는 낮 시간 동안 수집, 경험한 단기 기억을 장기 기억으로 고착화하는 재생 과정에서 나오는 산물이라는 게 최신 뇌과학의 설명이다.

그런데, 재미있는 것은 뇌파가 단순히 뉴런 집단들의 순간적인 '떼창'을 기록한 것만은 아니라는 사실이다. 한 영역에서 발생한 단체 신호가 다른 영역으로 타이밍 좋게 전달될 수 있도록 돕는 시그널 역할도 한다. 다시 말해 송신 뉴런 집단에서 발생하는 전기적 리듬은 신호를 받는 뉴런 집단에 레트로놈처럼 박자를 맞추는 신호기 노릇을 한다.

앞 뉴런 집단에서 큰 전기 파도가 몰아닥치는 순간, 그 흐름에 맞춰 뒤 뉴런 집단도 동시다발적으로 발화함으로써 짧은 시간 내에 하나의 신경망을 형성한다. 이 신경망은 특정 패턴에 대한 기억일 수도, 특정 운동을 지시하는 명령일 수도, 특정 감각에 대한 지각일 수도 있다. 뇌라는 물질이 바로 그 순간의 인지 과정에서 내보내는 '신경 실체'라 할 수 있다. 뇌의 비밀 모스 부호 뇌파를 100퍼센트 해독할 수 있다면 각각의 신경망이 무엇을 뜻하는지, 소우주의 지배자가 누구인지도 알 수 있으리라.

CHAPTER 6

우주 현장

히치하이커 여러분은 아마 의아하게 생각할지도
모릅니다. 반짝반짝 호기심의 보석을 가슴에 꼭 품고 떠난
뇌 우주여행에 무슨 도덕과 윤리 타령이냐고. 아니죠.
뇌 여행뿐 아니라 모든 과학 여행에는 윤리 토론이 마치 운동의
마지막 숨쉬기 정리 체조처럼 꼭 들어갑니다. 수학·물리학
같은 기초 과학부터 분자생물학·인공지능 컴퓨터공학의
응용과학까지 가이드라인에서 시작해 '~선언' 류의 합의문,
더 나아가 국제기구의 헌장으로 학자들 간 공감대의
폭을 넓히고 도덕률도 정교하게 다듬어 갑니다. 왜 그럴까요?
현실에서 실제로 '과학 하는' 주체는 인간이기 때문입니다.
언뜻 객관적 실재實在, sein 세계를 바탕으로 우주의 통합적 진리를
추구하는 과학은 '~해야 한다'는 윤리의 당위當爲, sollen 세계와는
동떨어져 보이죠. 하지만 오래 전부터 신의 존재를 놓고
종교와 치열하게 진리 전쟁을 벌여온 과학은 철학, 도덕과도
매우 밀접한 관계를 맺을 수밖에 없어요. 과학자는 신이
아닙니다. 생명, 차별과 혐오, 경제적 이익과 후생복리 같은
여러 가치 판단 앞에서 과학은 늘 경계의 담장 위를 걷는
위험한 곡예를 해왔죠. 과학사에는 인명 대량학살에 협조한
독일 나치 정권의 '괴물' 과학자, 동료의 공을 숨기고
명예를 가로챈 '얌체' 과학자, 특허권 선등록 같은 돈의 유혹에
흔들려 불공정 경쟁을 벌인 '반칙' 과학자들의 일화가 차고
넘칩니다. 과학에도 윤리가 필요합니다. 생명과학에서도
맞춤형 아기, 인공생명 제조에 연구 금지의 범위를 정하자는
논의가 있지만 뇌 과학의 윤리 경계는 더 넓습니다.

1

뇌 과학의 윤리

인간의 경계는 어디까지인가

뇌 과학사는 피로 얼룩져 있다. 잠시만 틈을 내 뇌의 신비에 도전한 과학자들의 일화를 찾아보면 이상야릇하고 섬뜩한, 심지어 믿기지 않을 만큼 잔인한 이야기가 수두룩하다. 아마 가장 유명한 사례는 아인슈타인의 뇌일 것이다. 위대한 인물이 죽은 후 해부하면서 신체 일부분을 보관하는 일은 아마 의사들의 오래된 전통인 듯하다. 나폴레옹의 성기, 링컨의 머리뼈 등 진위를 가리기 힘들 만한 유물들이 경매에 나오거나 박물관에 소장된 기록이 남아 있다. 여기서 상세한 경위를 다 설명할 필요는 없지만, 20세기 최고의 천재 알베르트 아인슈타인의 뇌는 부검을 맡았던 한 병리학자에 의해 본인과 유족의 의사에 반해 빼돌려졌다. 그 후 뇌는 240개 조각으로 나뉘어 전 세계 과학자들에게 연구용 샘플로 보내졌다고 한다. 이 병리학자는 과학적 목적에만 쓰겠다며 나중에 유족의 허락을 받은 것으로 알려졌지만 당대에도 많은 비난을 받았다. 뇌 기증은 지금도 뇌 윤리의 주된 이슈 중 하나다.

뇌 과학책에서 기억에 대해 이야기할 때면 늘 소환되는 익명의 인물로 H.M.이라는 사람이 있다. 그는 전두엽 절제 수술을 당해 단기 기억을 잃어버린 환자이다. 그는 수술 전의 기억을 제외하고는 전혀 새 기억을 형성하지 못해 항상 오늘이란 현재만 살았다. 담당 의사는 늘 처음 보는 사람이었고, 즐겨 보던 영화도 항상 새로운 마음으로 감상했다. 그는 뇌전증(간질)을 치료한다는 명목으로 시행된 로보토미lobotomy, 즉 뇌엽 절제술의 희생자였다. 정신병 환자의 이상 상태를 바로(!) 잡기 위해 뇌를 잘라내는 수술은 1800년대 말 스위스에서 처음 시도됐다. 다른 의사들은 처음에 강력하게 반발했다. 그러나 수십 년이 흐른 후 전두엽을 특정해 소량의 부위를 제거하자는 아이디어가 신경학회에 발표됐고, 동물 실험을 거쳐 1900년대 초 여러 명의 '치유 불가능한' 환자들에게 시행되기에 이른다. H.M.은 뇌엽 절제술이 의학계의 치료법 중 하나로 흔하게 보급돼 있던 1953년에 수술을 받았다. 이후 60년간 그의 생애는 정지됐다.

뇌를 함부로 잘라내고 몰래 훔치고… 여러분은 이런 엽기 행각을 벌였던 의사들이 낯설게 느껴질 것이다. 과학이란 이름으로 살아 있는 사람의 뇌에 전류를 흘리고 여기저기 잘라내는 짓은 과거의 일일 뿐이라고 생각할지도 모른다. 하지만 과학은 사람이 하는 일이다. 자신은 진리 탐구와 인류 복지 증진을 위해 일한다고 믿지만, 인류 사회의 상식에 어긋난 탈선을 하는 과학자들이 분명히 존재한다. 이들을 경계해야 한다. 뇌 과학에는 더욱 엄격한 윤리가 요구된다. 인간을 인간답게 만드는 자아自我 인식은 뇌에서 비롯되기 때문이다. 그래서 뇌 과학은 하기 어렵다. 인간을 동물처럼 실험실에서 다룰 순 없다. 뇌 신경생물학의 해부학적 실험은 물론, 뇌의 기능을 증강하거나 중독을 치료하는 뇌 공학적 기술도 어디까지 허용할 것인지의 사회적 공감대 형성이 반드시 필요하다. 지금 이 순간에도 뇌 조절용 전류를 어디에 얼마나 흘려야 하는지, 치료 목적 말고 스포츠 성

적 향상용으로 이런 기술을 써도 되는지 고민은 계속되고
있다.

배양용 접시에서 자라는 '미니 뇌'

뇌 윤리가 필요한 이유를 금방 깨닫게 해주는 사례는 실험
용 장기이다. 오가노이드organoid는 조직 공학으로 만든 미
니 조직이나 장기臟器를 말한다. 연구 목적으로 세포 분열,
체세포 역분화(리프로그래밍) 등의 기법을 동원해 창조해낸
실험용 장기로 '미니 장기'라고 한다. 쥐 등 동물의 장기는
물론 사람의 심장, 콩팥, 심지어 뇌까지 실제 크기의 수십
분의 1 사이즈로 '제작'할 수 있다. 살아 있는 사람 몸속의
장기에 직접 약물 실험을 할 순 없기에 인공 제조한 배양접
시 속 오가노이드는 생명현상 연구, 독성 검사, 맞춤형 암치
료의 테스트베드로 쓰인다. 피부암에 걸린 인공 피부 오가
노이드에 신약을 투여해보고 경과를 지켜보는 식이다. 모
양만 비슷해선 안 된다. 몸 밖에서도 인체 속처럼 정상적으
로 기능해야 한다. 그래서 최대한 배양용 접시를 몸속 환경
처럼 유지하고 양분과 적정 화학물질을 공급한다.

그런데 최근에 성인 피부세포를 역분화시켜 만든 미니 뇌에서 미약한 뇌파 활동이 감지되다가 10개월 후 새 뉴런 연결이 이뤄지면서 인간 뇌와 유사한 규칙성까지 발현하기 시작했다. 그러자 태아 살해와 같은 윤리적 의문이 제기됐다. 미니 뇌를 살아있는 실체로 볼 것인지, '살아 있다'고 판정할 생명의 한계는 어디까지인지를 과학자들이 묻기 시작한 것이다. 미니 뇌 실험을 금지해야 할지, 어느 한계까지는 허용해야 할지 사회의 윤리적 합의점을 요구하고 있다. 이런 위험을 우회하기 위해 '바이오 프린팅' 기술도 새로 주목받고 있다. 바이오 프린팅은 생물의 조직과 장기를 컴퓨터 3D 프린팅 기술로 만들려는 시도로, 조직 공학Tissue Engineering이라고도 한다. 적층 기법은 같지만, 금속 분말·플라스틱을 한 층씩 굳혀 쌓아 올리는 고체 3D 프린팅과는 완전히 다른 기술이다. 재료도 다르고, 특히 고도의 유연성이 요구된다. 생물의 장기는 여러 겹의 조직, 또 조직은 여러 겹의 세포와 세포 간 물질로 이뤄져 있다. 세포-조직-장기 순이다. 바이오 프린팅은 간·피부·연골 등 다양한 세포를 폴리머·펩타이드·콜라겐·젤라틴 등 다양한 세포 외 재료와 함께 정확한 위치에 쌓아 올리는 게 요체다. 잘못 쌓으면 세포의 모양이 바뀌거나 아예 다른 세포로 변해버린다. 적층 방식도 사출형, 잉크젯형, 레이저형 등 몇 개 타입이 있다. 하버드대 연구팀은 세계 최초의 15채널 바이오 프린터를 개발해 인공 각막·피부·혈관뇌장벽 조직 생산에 성공한 바 있다.

사실 미니 뇌, 미니 장기는 동물 실험을 대체하기 위해 나온 대안이었다. 동물보호단체들이 실험실에서 죽어가는 생쥐, 기니피그 등에 대해 강한 금지 여론을 형성하자 과학자들은 궁리 끝에 인공 장기를 발명해낸 것이다. 그러나 세포를 배양해 만든 인공 장기도 살아 있기 때문에 윤리적 보호를 받아야 한다는 반대에 부딪히고 있다. 생명과학에 요구되는 윤리적 기준은 점점 엄격해질 전망이다. 앞서 스위스 로잔공과대학의 마크람 박사가 주도하는 블루 브레인 프로젝트를 소개했다. 인간 뇌의 일부 영역 속 뉴런 연결망을 컴퓨터 프로그램으로 모사하는 대형 시뮬레이션 계획이다. 그런데, 이 프로젝트의 부수적 목적 중 하나도 실험실의 쥐 실험 금지 확대에 대비하려는 것이다. EU는 이미 2009년 화장품 원료에 대한 동물 실험을 전면 금지했고, 우리나라도 2016년 동물 실험 화장품 유통·판매를 금지했다. 이 같은 추세는 점점 더 넓은 범위에 걸쳐 확산될 것으로 보인다.

뇌 윤리의 이슈들

그 밖에도 뇌 과학 분야에서 많이 이야기되고 있는 윤리적인 주제에 대해 간단히 살펴보자.

첫째, 과학이 컴퓨터 정보기술과 결합하면서 데이터의 적정성과 공정성이 도마 위에 오르고 있다. 뇌 과학 분야에서 보통 사람들이 가장 익숙한 치매·파킨슨병 등 뇌 질환 연구 모델은 선진국이 먼저 정립하기 마련이다. 서구 의사들이 주로 백인을 대상으로 연구한 특정 실험의 데이터 모델을 다른 인종, 다른 나라에 그대로 적용해도 될까. 충돌을 빚을 때는 어떻게 하면 연구 결과를 왜곡 없이 해석해낼 수 있을까. 또 데이터의 소유권은 누구에게 있을까. 환자의 사생활 정보를 포함한 뇌 의학 데이터를 국제 표준화하려 할 때 어느 수준까지 프라이버시를 보장할 것인가.

둘째, 의학과 생물학의 일반 윤리이다. 죽은 뇌의 해부가 아니라 연구실 안에서 살아 있는 인간의 뇌를 실험할 때 그 목적과 방법상의 가이드라인은 어떻게 설정해야 할까. 뇌 조절 기술을 알츠하이머병 같은 환자의 고장 난 뇌를 치료하는 목적 외에 지능 강화 등 특정한 의도대로 임의 적용해도 될까. 만약 뇌에 자극을 가하거나 침습적 수술을 하는

우주 헌장   265

신기술이 인간의 자유의지, 즉 인격적 변화를 초래하게 된다면 사후 책임은 누가 얼마나 져야 할까. 마지막으로 이런 기본 질문들을 아우르는 큰 질문은 뇌 과학이 투입될 곳과 그래선 안 될 곳을 가리는 기준은 무엇이 돼야 할까 하는 것이다.

셋째, 뇌 기증 운동이다. 뇌 은행이라고도 한다. 뇌도 신체의 다른 장기처럼 기증할 수 있다는 사실을 모르는 사람이 80퍼센트를 넘는다. 게다가 사망 후 뇌를 기증할 의사가 있다는 비율은 30퍼센트도 채 안 된다. '뇌는 내 존재 자체'라는 인식이 워낙 강한 탓이다. 특히, 유교 의식이 남아 있는 우리나라에서는 뇌 연구를 하기 매우 어렵다. 과학자들은 주로 쥐 같은 동물을 대상으로 실험을 했고, 이를 실제 사람의 뇌에 적용하려 할 때는 신원 미상의 변사자 등 극히 제한된 뇌 샘플로 연구를 해왔다. 충분한 뇌 조직을 활용할 수 없어 어려움을 겪는 일이 비일비재하다. 2014년 설립된 한국 뇌 은행은 이런 고민의 산물이다. 현재 수백 명의 뇌와 혈액·뇌척수액 등 1000건이 넘는 뇌 자원이 기증돼 있다. 뇌 기증 희망 등록자만 약 1000명에 달한다. 우리나라 정부를 포함해 세계 여러 국가들은 뇌 기증도 각막 기증처럼 다른 사람에게 빛을 주는 헌신으로 받아들여지도록 제도와 인식 개선을 위해 노력 중이다.

2

사회적 뇌

우리의 뇌는 필연적으로 타인의 뇌와 협력, 경쟁한다. 무리 생활을 하는 동물뿐 아니라 나 홀로 생활하는 동물도 교차로에서 마주친 저 동물이 나의 아군인지, 적인지 판단하는 능력이 필수적이다. 아군이면 힘을 합치고 적이면 싸워야 한다. 진화 과정에서 뇌는 스스로 생존을 위해서라도 다른 뇌와 어울리는 일에 관심을 기울이기 시작했다. 특히 가족, 부락, 국가를 이루고 생활하는 대표적인 사회적 동물인 인간은 말할 것도 없다.

보톡스 주사를 맞으면
다른 사람의 마음을 읽기 힘들다

1990년대 이탈리아 파르마 대학의 신경심리학자 자코모 리촐라티는 원숭이의 뇌에 전극을 꽂아 손을 섬세하게 움직일 때 작동하는 신경망을 연구하고자 했다. 그런데, 우연히 음식을 집을 때 원숭이의 뇌에서 작동하던 회로가 사람이 음식을 집는 장면을 보던 원숭이의 뇌에서 똑같이 움직인다는 것을 발견했다. 원숭이의 뒤쪽 이마엽과 아래마루엽 겉질에서 발견된 이 뉴런들은 '거울'과 같은 특성이 있어 다른 대상을 관찰할 때 발화한다는 이유로 '거울 뉴런mirror neuron'으로 명명됐다. 라마찬드란과 같은 일부 뇌 과학자들은 모방과 언어 습득 과정에서 거울 뉴런이 중요한 역할을 할 것이라 믿고 있지만, 정확하게 어떤 원리로 남을 흉내 내는 인지 활동에 관여하는지 밝혀진 바는 없다. 거울 뉴런의 존재와 역할에 대해 긍정과 부정의 찬반 양론이 여전히 분분하지만 생물의 흉내 내기, 즉 '거울 효과mirroring'는 여러 실험에서 실제로 확인됐다. 실험에 참가한 피험자의 얼굴 근육에 전극을 붙이고 다양한 감정을 나타내는 사진을 차례로 보여준다. 결과는? 예외 없이 피험자들은 무의식적으로 사진에 나타난 감정을 흉내 내기 시작했다. 고통을 받는 사람의 사진을 보면 자기도 모르게 아픈 듯이 인상을 찡그리고, 행복해하는 연인의 사진에는 미세한 미소가 얼굴에 번진다. 우리의 뇌는 타인의 얼굴에 표시되는 미묘한 감정의 변화를 읽기 위해 진화해왔고, 그 첫걸음은 타인의 얼굴 표정과 같은 표정을 지어보는 것이다. 그러면 얼굴에 그 표정을 지을 때 내 뇌 속에서 자동으로 형성되는 감정 네트워크의 종류가 쉽게 판독된다. 타인의 고통과 슬픔, 행복과 기쁨에 공감하기 위한 첫 번째 조건이 같은 표정을 짓는 것이라니! "같이 웃고, 같이 울고~"하는 노래 가사가 더 와 닿는 것 같다.

모종의 박테리아에서 추출한 '보톨리눔'이란 신경 독소가 있다. 몇 방울만 흡입해도 뇌가 운동 근육에 보내는 명령 신호들이 모두 차단된다. 근육은 수축을 못 하게 되고 그결과 호흡을 할 수 없어 죽음에 이른다. 그런데, 전 세계적으로 수많은 사람들이 돈을 내고 자진해서 이 독을 자신의 몸에 집어넣는다. 즉시 그 부위는 마비된다. 지구 상에서 가장 인기 높은 독약, 바로 보톡스이다.

보톡스는 주름이 생긴 부위에 적정량 주입하면 긴장성 마비 효과로 주름 개선에 도움이 된다. 과학자들은 눈과 이마 등에 보톡스 시술을 받은 사람을 모아 거울 효과 실험을 똑같이 실시해봤다. 그랬더니 당연히 타인의 표정을 흉내 내는 실력이 매우 모자랐다. 보톡스가 얼굴 근육을 마비시켜 슬픈 표정, 기쁜 표정을 뚜렷하게 만들기 힘들게 한 것이다. 그런데 더 놀라운 결과는 2011년 실험에서 밝혀졌다. 두 명의 과학자들이 같은 실험을 2개의 그룹에 나누어 시켰다. 보톡스 시술 그룹과 보통 사람 그룹이다. 다양한 표정의 사진을 보여준 후, 그 표정이 뜻하는 의미를 잘 표현한 단어를 고르라고 했다. 그랬더니 보톡스 사용자 그룹이 감정 표현을 제대로 알아맞히는 비율이 낮았다. 슬픈 표정을 짓는 인물의 사진을 보고도 그게 슬픈 상태라고 알지 못했다. 설명은 이렇다. 타인의 표정을 흉내 내는 얼굴 근육의 동작 능력이 인위적으로 훼손된 결과, 남의 감정을 읽고 공감하는 '표정의 피드백'능력이 떨어진 것이라고. 보톡스 주사를 여러 번 맞은 사람들은 표정 변화가 적어져 무슨 생각을 하는지 읽기 힘든 포커 페이스가 된다는 걸 우린 경험으로 안다. 그런데, 얼굴 표정 변화가 적어진 보톡스 시술자 스스로도 남의 얼굴에서 감정을 읽는 능력이 저하돼 사회적 공감 능력이 부족한 사람이 된다니!

과학자들은 경제적 CEO인 뇌가 에너지를 절약하는 방

법 중 하나가 거울 효과라고 추정하고 있다. 얼굴 표정은 내적 감정 상태를 반영한다. 우리는 타인의 감정 상태를 알고 싶을 때 그 사람의 얼굴 표정을 슬쩍 흉내 내본다. 물론 일부러 그런 것은 아니다. 공감하려 할 때 나도 모르게 그 사람 표정을 따라 하게 된다는 말이다. 흉내 내기는 아주 짧은 순간 무의식적으로 이뤄진다. 그러면 우리의 뇌는 감정 시뮬레이션으로 매우 효과적으로 타인의 감정 상태를 추정할 수 있다. 뇌의 훌륭한 사회적 기술이다.

오래 산 부부는 닮는다

신체적 통증을 느낄 때 활성화되는 뇌의 네트워크를 '통증 매트릭스pain matrix'라고 한다. 뇌의 한 부위가 아니라 여러 부위가 동시에 격렬하게 반응한다. 바늘로 손가락을 찌르면 통증 매트릭스에 일제히 불이 켜진다. 그런데 뇌 과학자들이 고통을 당하는 실험자와 이를 관찰하는 실험자 두 그룹으로 나눠 통증 테스트를 해보았더니, 양자의 뇌에서 활성화되는 통증 매트릭스가 몹시 흡사하게 나타났다. 뉴런 회로는 고통을 당한다는 상상의 시뮬레이션만으로 실제 고통을 대리 체험하는 것이다. 우리는 스스로 고통을 당하지 않고 괴로워하는 동료를 지켜보는 것만으로 유사한 고통을 느끼는 존재이다. 영화와 소설 같은 픽션은 인간의 이런 속성을 잘 이용하는 오락물이다. 단 한 번도 본 적 없는 이국의 주인공, 심지어 성별이나 인종까지 다른 인물에게도 우리는 깊이 공감하며 울고 웃는다. 그의 모험에 가슴 짜릿해하며 실패에 안타까워한다. 이렇게 타인에게 공감한다는 것은 말 그대로 그 사람의 고통과 기쁨을 함께 느낀다는 뜻이다. 사회생활에서 공감의 능력은 대단히 중요하다.

한 뇌 과학자는 실험자에게 공 주고 받기 컴퓨터 게임을 다른 사람들과 함께 하라고 시켰다. 그런데 사실은 공을 주고받는 대상은 사람이 아니라 인공지능 프로그램이었다. 처음에는 골고루 공을 주고받던 게임 참가자들은 서서히 시간이 흐름에 따라 실험에 참가한 사람을 빼고 자기들끼리 공을 주고받기 시작했다. 일부러 프로그램을 그렇게 짠 것이다. 이 과정이 오래 되풀이되자 실험자의 뇌에 통증 매트릭스가 활성화되기 시작했다. 아무 것도 아닌 공 주고받기 놀이에서조차 따돌림을 당한다는 심리적 배제의 아픔은 실제 신체의 고통 회로를 똑같이 가동시켰던 것이다. 따돌림의 아픔이 뇌 회로에 새겨진 이유는 무엇일까. 이는 아마도 사회적 연대와 결속을 장려하려는 자연진화적 장치가 아닐까 과학자들은 추측한다. 개인으로 무력한 인간이 무리를 지어 상호 협력함으로써 집단 생존의 확률을 높이기 위해 고안된 보상 체계라는 설명이다. 따돌림은 불안과 고통을, 소속감은 편안함과 내적 만족을 선사한다. 인간의 뇌는 사회적 지능을 높이려는 본능을 타고났다.

따돌림이 고통이라면 어울림은 행복일 것이다. 과학자들은 오래 산 부부는 서로 닮는다는 속설을 여러 가지 방법으로 조사해 보았다. 실제로 결혼 햇수가 늘어질수록 남편과 아내의 닮음꼴 비율이 높아진다는 사실을 확인했다. 왜 그럴까. 앞서 소개한 거울 효과는 공감의 얼굴 표정이 상대를 이해하는 데 매우 중요한 단서임을 보여줬다. 이혼하지 않고 긴 세월을 함께 하며 강한 유대 관계를 유지해온 커플은 서로의 생활 습관과 감정을 깊이 이해하고 있다. 이들은 상대의 마음을 이해하려 더 자주 얼굴 표정 흉내 내기를 했을 것이고, 오랜 기간 반복적인 근육 움직임은 비슷한 위치에 주름과 굴곡을 만들었다. 같은 표정을 짓던 두 사람은 같은 주름과 윤곽을 갖게 됐고, 이것이 비슷한 생김새를 갖게 된 원인이라는 게 현재까지 가장 설득력 있는 설명이다.

나가며

하이브리드 지능 혹은 지능의 미래

'하이브리드 지능hybrid intelligence', 자연지능과 인공지능이 통합된 미래의 지능에 내가 붙인 이름이다. 혼합 지능 혹은 증강 지능이라고 해도 좋다. AI를 다룬 첫 책은 우연히 바둑에 관한 신문 기사 한 줄을 읽다가 쓰게 됐다. 자세한 내용은 잊었지만 대강 이런 글이었다. "이제 가장 우수한 바둑 기사棋士도 애써 바둑 AI를 이기려 하지 않는다. AI가 뛰어난 계산력으로 지구상의 인간 바둑 최고수를 제압하는 현실에 승복한 지 오래됐기 때문이다. 대신, 바둑대회의 우승컵은 바둑 AI를 늘 가까이 두고 끊임없이 함께 연구하는 스타일의 하이브리드 인재들이 독차지하게 됐다."

난 하이브리드 지능이 미래의 지능이라고 생각한다. 바둑 기사처럼 변호사도, 의사도, 예술가도 AI의 특성을 이해하고 가장 가까운 친구로 잘 사귀는 사람만 사회에서 살아남을 것이라고 믿는다. 나 홀로 자연지능은 AI의 도움을 받는 혼합 지능 혹은 증강 지능에 이길 수 없으니까. 첫 책의 서문에 'AI는 인간 뇌의 디지털 쌍둥이digital twin'라고 결론 내렸다. AI는 컴퓨터로 뇌를 모방한 것이라고. 그런데 이번에 두 번째 책을 쓰면서 생각이 조금 바뀌었다. 뇌에는 인공지능이 모방한 자연지능 이상의 무엇이 있다고. 그것이 인간의 '마음mind'이다. 마음은 나와 세계를 느끼고 인식하며, 때론 창조해나가는 우주의 지배자이다. 뇌 연구는 마음의 연구이다.

하지만 내 마음은 나도 모른다. 300년 뇌 과학 역사에서 기억과 학습 같은 지능 연구는 제법 진척됐지만, 의식·자유의지·감각·정서 등 마음 연구는 여전히 제자리를 맴돌고 있다. 원본도 모르는데 어떻게 복사본을 만들겠나? '인간보다 더 인간다운 로봇' '특이점을 통과해 인류를 위협하는 초인공지능'이 현실에 등장하려면 기계에 마음의 복사본을 심는 단계까지 과학이 발전해야 할 것이다. 2021년 현재 뇌 과학은 마음의 5퍼센트도 채 알지 못한다. 그래서 '하이브리드 지능'을 찾아가는 두 번째 여행은 그나마 좀 아는 영토의 지도만 손에 들고 나머지는 슬쩍 상상력을 섞어 탐색해보았다. 그 여행 안내책을 쓴다는 심정으로 버티었다. 엉덩이를 의자에 붙이고 버틴 기간의 생일, 축하일, 주말을 강제 반납당한 가족에게 미안하다. 얼굴 보고 싶다며 연락해온 동료, 선후배, 지인들에게도 면목 없다. 하지만, 어줍지 않은 글을 쓴다며 수시로 전화하고 줌하고 메일하고 방문하고 했던 뇌 과학자 분들에게는 정말 감사하다. 아무 대가 없이 평생 갈고 닦은 지식을 나누어주셨다. 대구와 뉴욕의 공간적 거리는 전혀 느껴지지 않았다. 하이브리드 지능을 찾아가는 세 번째 여행이 끝날 때까지 미안함과 감사함이 교차하는 글쓰기의 고통과 기쁨은 계속될 것이다.

2021년 4월 20일
서울 동숭동 집에서
노성열

용어 해설

뇌 우주의 주요 지명과 기술용어

1. 멀리서 본 지명

- **중추(中樞)신경계(central nervous system, CNS):**
  몸속의 전기·화학신호를 실어 나르는 정보 고속 도로에 해당한다.
  대뇌·소뇌·사이 뇌·뇌 줄기·척수를 합친 중앙 도로이다. 나무로 치면
  몸통의 큰 줄기에 해당한다.

- **말초(末梢)신경계(peripheral nervous system, PNS):**
  중추신경계에서 가지를 쳐서 얼굴과 손끝부터 발끝까지 몸 구석구석으로
  정보가 오가는 지방 도로이다. 얼굴로 뻗은 12쌍의 지방 도로는 주로
  뇌줄기에서 가지를 쳐 뇌신경cranial nerve 이라하고 몸통으로 뻗어 나간
  31쌍의 지방 도로는 척수에서 가지를 쳐 척수신경spinal nerve이라고
  한다. 나무의 나뭇가지로 생각하면 된다.

- **대뇌(大腦, cerebrum):**
  우리가 '뇌Brain'라고 할 때 흔히 떠올리는 가장 큰 덩어리의 뇌를 말한다.
  고등사고 작용과 감각, 운동의 인지, 감정 등을 관장하는 중앙도로의
  관제탑이다.

- **소뇌(小腦, cerebellum):**

  대뇌 맨 뒤 아래쪽에 뇌 줄기의 숨뇌와 붙어 있는 뒷뇌의 도드라진 부분. 균형 감각 등 신체운동을 조절한다고 알려졌으나, 1990년대 이후 언어·주의력 등 인지 및 공포·쾌락 등 감정과도 연동되는 새 기능이 밝혀지고 있다.

- **사이뇌 혹은 간뇌(間腦, diencephalon):**

  대뇌와 뇌줄기 사이에서 시상과 시상하부, 뇌하수체와 송과샘을 이루는 부위. 또는 뇌줄기의 맨 윗부분으로 보는 분류법도 있다. 사이뇌interbrain 란 명칭은 대뇌와 중간뇌의 사이에 깊숙이 자리 잡고 있어 나왔다. 대뇌로 오는, 대뇌에서 나가는 상·하향 정보들의 총집결장소. 한자로 간뇌라고 읽으면 뇌줄기의 한자음 뇌간과 혼동될 수 있다. 간뇌는 사이 간, 뇌간은 줄기 간으로 다른 한자를 쓴다. 내장과 혈관 등 불수의근(의지로 조절 불가능한 근육)의 활동을 조절한다.

- **뇌줄기 혹은 뇌간(腦幹, brain stem):**

  뇌와 척수를 연결하는 뇌 부위. 3개로 나누어 중간뇌 혹은 중뇌中腦, midbrain, mesencephalon, 다리뇌 혹은 교뇌橋腦, pons, 숨뇌 혹은 연수延髓, medulla oblongata로 구성된다. 중간뇌는 동공 수축 등 시각·청각 신경정보를 대뇌·척수·소뇌로 전달하는 통로로 비의식적 반사운동의 중추. 다리뇌는 뇌줄기의 중간 부분으로 대뇌와 소뇌 사이를 중계하고, 숨뇌의 호흡조절 보조 기능도 하는 것으로 알려졌다. 숨뇌는 호흡·맥박·소화·침 분비·기침·재채기 등 생명 유지활동의 중추.

- **등골 혹은 척수(脊髓, spinal cord):**

  등뼈(척추) 속에 들어있는 중추신경으로, 뇌와 말초신경 사이의 감각·운동 정보를 상하로 전달하는 고속 도로. 좌우로 31쌍의 지방 도로(척수 신경)를 뻗어 몸 구석구석에 정보를 실어 나른다.

2. 반쯤 와서 본 지명

- **이마엽 혹은 전두엽(前頭葉, frontal lobe):**
  엽은 줄기, 갈래란 뜻이고 lobe는 돌출부란 의미다. 머리 앞쪽 이마에
  돌출된 뇌의 갈래.

- **마루엽 혹은 두정엽(頭頂葉, parietal lobe):**
  마루는 '산마루' 할 때의 꼭대기, 정상이란 뜻이다. 머리 꼭대기에 돌출된
  뇌의 갈래.

- **관자엽 혹은 측두엽(側頭葉, temporal lobe):**
  관자는 옛 어른들이 갓을 쓸 때 망건에 달린 둥근 고리를 말한다.
  귀의 윗부분을 관자놀이temple로 부르는 인체 명칭에 반영돼 있다.
  머리 옆쪽에 돌출된 뇌의 갈래.

- **뒤통수엽 혹은 후두엽(後頭葉, occipital lobe):**
  머리 뒤쪽에 돌출된 뇌의 갈래.

- **뇌 이랑(회 回, gyrus):**
  뇌 주름이 잡히며 튀어나온 부위. 산에 해당한다.

- **뇌 고랑(구 溝, sulcus):**
  뇌 주름의 패인 부위. 골짜기에 해당한다.

- **중심 고랑(中心溝, central sulcus):**
  대뇌를 앞뒤로 나누는 고랑. 발견자의 이름을 따서 '롤란드 고랑'이라
  부르기도 한다.

- **가쪽 고랑(外側溝, lateral sulcus):**
  대뇌를 위아래로 나누는 고랑. '실비우스 고랑'으로도 부른다.

- **반구간틈새 혹은 반구간열(半球間裂, interhemispheric fissure):**
  대뇌를 위에서 봤을 때 좌·우반구로 나누는 틈

- **뇌들보 혹은 뇌량(腦樑, corpus callosum):**
  좌뇌와 우뇌를 연결하는 뇌신경섬유 다발. 대뇌 좌우 반구의
  정보 교환 통로이다. 들보는 2개의 구조물을 잇는 수평 기둥.
  대들보를 생각하면 된다.

- **둘레계통 혹은 변연계(邊緣系, limbic system):**
  뇌의 겉 둘레가 아니다. 뇌 속 깊이 박혀 있는 시상(사이뇌)과 대뇌 겉질의
  가운데를 좌우로 삥 둘러싸고 있는 여러 울타리 모양의 구조물을 합쳐
  부르는 말. 복잡한 입체적 구조를 이해하려면 그림보다 3D 영상을 보면
  좋다. 해마, 편도체, 선조체, 띠이랑 등 둘레엽과 뇌활, 후각 신경구 등으로
  구성된다. 감정·행동·동기부여·기억·후각 등의 여러 기능을 담당하며,
  뇌 발달 3단계에서 '포유류의 뇌'로 불린다.

- **바닥핵 혹은 기저핵(基底核, basal ganglia):**
  대뇌 겉질과 시상 사이의 회백질 구조물들. 핵은 뉴런이 덩어리로
  뭉친 거대 집합체를 말한다. 뇌 좌·우반구에 대칭 구조로 분포하며
  창백핵globus pallidus, 조가비핵putamen, 중격핵nucleus accumbens,
  꼬리핵caudate nucleus, 후각 신경구olfactory tubercle의 5개 구조로
  세분된다.

- **시상(視床, thalamus):**
  대뇌 한가운데 좌·우반구에 걸쳐 있는 2개의 작은 타원형 모양 구조물.
  사이 뇌의 주된 부분으로 감각 및 운동 정보의 집결소 내지 중계소.

- **시상하부(~下部, hypothalamus):**
  사이 뇌의 아래 부분으로 체온·혈당량·삼투압 등 신진대사와 식욕을
  조절하며 신체 항상성homeostasis을 유지한다.

- **해마(海馬, hypocampus):**
  시상을 둘러싸고 있는 바다 생물 해마와 비슷한 모양의 구조물.
  기억과 학습 기능의 중추.

- **편도체(扁桃體, amygdala):**

  해마 맨 앞에 있는 아몬드almond 모양의 구조물로, 좌·우반구에
  각각 1개씩 있다. 공포와 분노의 감정을 담당한다.

- **줄무늬체 혹은 선조체(線條體, corpus striatum):**

  뇌 바닥핵 중 꼬리핵 혹은 미상핵尾狀核과 조가비핵 혹은 피각被殼을
  합쳐 부르는 이름. 한자 선조는 줄과 끈이라는 의미로, 단면에서
  신경 다발의 줄무늬가 보인다는 데서 유래했다. 자발적인 움직임의
  선택과 시작에 중요한 역할을 한다.

- **띠이랑 혹은 대상회(帶狀回, cingulate gyrus):**

  벨트 혹은 머리띠 모양으로 둘레계통, 뇌 들보를 삥 둘러싼 대뇌 겉질.
  대상피질cingulate cortex이라고도 부른다.

- **뇌활 혹은 뇌궁(腦弓):**

  활 모양의 구조물로 해마의 출력 축삭 다발

- **후각망울 혹은 후각 신경구**

  (嗅覺神經溝, olfactory bulbs, olfactory tubercle):

  바닥핵의 일부로 해마 끝 편도체와 연결된다. 인간의 다섯 가지 감각 중
  후각은 유일하게 시상을 거치지 않고 해마, 즉 뇌로 직접 입력된다.
  그래서 냄새를 감정과 기억의 강한 촉발 기제로 보는 견해가 많다.

- **회색질 혹은 회질(灰質, gray matter):**

  대뇌 겉질 혹은 피질皮質, cerebral cortex의 해부학적 명칭. 회색질에
  많이 분포하는 뉴런의 세포체들이 어두운 회색을 띠어 붙은 이름.

- **백색질 혹은 백질(白質, white matter):**

  대뇌 안쪽 부위의 해부학적 명칭. 백색질에 많이 분포하는 축삭돌기의
  말이집 지방 성분 때문에 밝은 흰색을 띠어 붙은 이름.

- **새겉질 혹은 신피질(新皮質, neocortex):**

  뇌 제일 바깥 면의 껍질에 해당한다. 겉질 중에서도 가장 새로 형성된 부분.
  6겹의 층으로 이루어져 있다.

3. 가까이서 본 지명

● **뉴런(뇌신경세포, neuron):**

뇌를 구성하는 핵심 세포. 활동전위란 전기신호와 신경전달물질이란
화학신호로 다른 뉴런과 소통한다. 10~20μm 크기의 몸통(소포체)에서
최대 1m 가까운 긴 줄기(축삭)와 가는 가지(가지돌기)를 내뻗어 다른
뉴런과 교신한다. 뇌 과학의 90%는 뉴런 연구이다.

● **세포체(cell body):**

핵이 들어있는 세포의 몸통. 뉴런에서는 가지돌기input로 들어오는 신호를
받아 종합 계산한 후 축삭output으로 내보내는 정보 처리장치에 해당한다.

● **가지돌기 혹은 수상돌기(樹狀突起, dendrite):**

뉴런의 신호 수신기로 짧고 두껍다. 수상돌기의 '수상'은 나뭇가지
모양이란 뜻이다.

● **축삭(軸索, axon):**

뉴런의 신호 송신기로 길고 얇다. 축은 원통형 기둥, 삭은 새끼줄을
뜻한다. 축삭돌기라고도 쓴다. 축색돌기는 틀린 용어다.

● **시냅스(synapse):**

뉴런과 뉴런 사이의 좁은 틈. μm(마이크로미터,100만분의 1 미터) 내지
nm(나노미터, 10억분의 1미터) 단위의 미세한 간격 사이를 화학 신호로
송수신한다. 신호 송신부를 전 시냅스, 수신부를 후 시냅스라 한다.

● **말이집 혹은 수초(髓鞘, myelin sheath):**

축삭을 감싸는 지방 성분의 절연재. 말이집이 연결된 중간의 잘록한 허리
부분은 랑비에 결절이라고 한다. 뉴런을 흐르는 전기가 새어나가지 못하게
하고 껑충 뛰듯이 도약을 해서 신호를 더 빠르게 전달하도록 돕는다.

● **희소돌기아교세포 혹은 핍지교세포(乏枝膠細胞, oligodendrocyte):**

교세포 중 돌기가 적은 세포로, 축삭의 말이집을 만든다.

- **별아교세포 혹은 성상교세포(星狀膠細胞, astrocyte):**
  별 모양의 가지를 뻗은 교세포. 혈관과 연결해 뉴런에 영양분을 공급하고
  노폐물을 청소하거나 재활용하는 작용도 한다. 뉴런에 이어 뇌의 비밀을
  풀 차기 주자로 떠오르고 있다.
- **미세아교세포(微細膠細胞, microglia):**
  가장 작은 교세포로서 뉴런의 외형을 지지하면서 외부 병원체 침입 제거
  등 면역 기능을 수행한다.

4. 기술용어

- **활동전위(活動電位, action potential):**
  뉴런에서 발생하는 전기신호. 아주 짧은 펄스pulse파의 하나로,
  오실로스코프에서 보면 긴 못 모양의 형태로 나타나서
  스파이크spike라고도 한다. 뇌가 방출하는 모스 부호로 비유된다.
- **뇌 조절 혹은 뇌 제어(brain modulation):**
  뇌에 빛·초음파·근적외선·전기 등 다양한 자극을 가해 우울증 등
  부정적인 질환을 치료하거나, 집중력 향상 등 긍정적인 개선을
  시도하는 뇌 공학의 기법
- **뇌 도핑(brain doping):**
  뇌 조절을 스포츠 분야에 실제 응용하자 이를 경기력 향상 약물 금지처럼
  단속해야 한다는 비판 여론이 일었다. 앞으로 몰래 뇌 도핑을 시도하는
  국가나 선수가 출현할 가능성을 배제할 수 없다.
- **fMRI(기능적 뇌 자기공명영상,
  functional Magnetic Resonance Imaging):**
  초기의 MRI를 개선해 활동 중인 뇌를 실시간 동영상으로 촬영할 수
  있도록 한 영상장비. 목표 부위의 혈 역동학적 변화를 측정한다.

구체적으로, 뇌 혈액의 헤모글로빈에서 산소가 분리되는 양과 속도를 BOLDblood-oxygen level dependent (혈액·산소 준위 의존성) 기법으로 영상화해 뇌의 활성화 부분을 컬러 화면으로 보여준다. 이미지의 공간·시간적 분해능과 해상도가 우수하다. 시각 및 감정·언어·기억·집중·동기 등 고위 인지 기능의 뇌 신경망을 가시적으로 또렷하게 보여준다. 'fMRI 뇌 지도'는 뇌 수술 전에 기능적으로 중요한 부위를 발견, 보호할 수 있게 함으로써 수술 후 장애를 예방해준다. 또 뇌 손상 후 선천·후천적으로 일어나는 뇌 신경망의 재조직화를 가시화해 고위 뇌 기능과 뇌 가소성의 기전을 규명하는 데도 도움을 준다. 뇌 과학의 수준을 획기적으로 발전시킨 공로로 MRI 발명자들에게 노벨상이 돌아갔다.

- **PET(양자방출 단층촬영, Positron Emission Tomography):**
  방사성 물질로 포도당의 대사를 추적한다. 하지만 흑백의 정적 이미지로 생생한 뇌의 동적 움직임을 보기 힘들다. 피폭 현상 때문에 자주 촬영하기도 어렵다.

- **EEG(뇌 전도, Electroencephalogram):**
  뇌에서 방출되는 전기적 신호를 포착해 시각적으로 형상화한다. 흔히 뇌파brain wave 측정 장비로 불린다. 모자처럼 머리에 덮어쓰는 형태가 많다.

- **MEG(뇌 자도, Magnetoencephalogram):**
  뇌에서 방출되는 전류의 주변에 형성되는 자기장을 검출해 형상화한다.

뇌 과학 추천 도서

1장에서 소개했던 뇌 우주여행 코스 네 가지 기억하시나요?
각 여행 코스별로 함께 읽으면 더욱 알찬 뇌 과학 책들을 소개합니다.

Ⓐ 뇌 의·약학

- **낯선 이와 느린 춤을**
  메릴 코머 지음, 윤진 옮김 | 2016 | Mid
- **변화하는 뇌**
  한소원 지음 | 2020 | 바다출판사
- **브로카의 뇌**
  칼 세이건 지음, 홍승효 옮김 | 2020 | 사이언스북스
- **환자 H.M.**
  루크 드트리치 지음, 김한영 옮김 | 2018 | 동녘사이언스
- **DSM-5 정신장애 쉽게 이해하기**
  The American Psychiatric Association 지음, 박용천·오대영 옮김 |
  2017 | 학지사

Ⓑ 뇌 신경생물학

- **1.4킬로그램의 우주, 뇌**

  정재승·정용·김대수 지음 | 2014 | 사이언스북스
- **더 브레인**

  데이비드 이글먼 지음, 전대호 옮김 | 2017 | 해나무
- **박문호 박사의 뇌과학 공부**

  박문호 지음 | 2017 | 김영사
- **알고 보면 쓸모 있는 뇌 과학 이야기**

  어익수 외 지음 | 2018 | 콘텐츠하다
- **진짜 나를 만나는 뇌 과학 시간**

  김수용 지음 | 2017 | 우리같이
- **커넥톰, 뇌의 지도**

  승현준 지음, 신상규 옮김 | 2014 | 김영사
- **휴먼 브레인**

  수전 그린필드 지음, 박경한 옮김 | 2005 | 사이언스북스

Ⓒ 뇌 인지신경학

- **감정은 어떻게 만들어지는가?**

  리사 펠드먼 배럿 지음, 최호영 옮김 | 2017 | 생각연구소
- **길 잃은 사피엔스를 위한 뇌과학**

  마이클 본드 지음, 홍경탁 옮김 | 2020 | 어크로스
- **내 머릿속에선 무슨 일이 벌어지고 있을까**

  김대식 지음 | 2014 | 문학동네

- **뇌, 인간의 지도**

  마이클 S.가자니가 지음, 박인균 옮김 | 2016 | 추수밭
- **마음의 탄생**

  레이 커즈와일 지음, 윤영삼 옮김 | 2016 | 크레센도
- **몹쓸 기억력**

  줄리아 쇼 지음, 이영아 옮김 | 2017 | 현암사
- **우리의 기억은 왜 그토록 불안정할까**

  프란시스 위스타슈 지음, 이효숙 옮김 | 2009 | 알마
- **정재승의 인간 탐구 보고서 1**

  정재승·이고은 지음 | 2019 | 아울북
- **통찰의 시대**

  에릭 켄델 지음, 이한음 옮김 | 2014 | RHK

Ⓓ 뇌 공학

- **감각의 미래**

  카라 플라토니 지음, 박지선 옮김 | 2017 | 흐름출판
- **뇌를 바꾼 공학, 공학을 바꾼 뇌**

  임창환 지음 | 2015 | Mid
- **뇌, 전해주고 싶은 이야기**

  한국과학기술원 뇌과학연구소 지음 | 2020
- **마음의 미래**

  미치오 카쿠 지음, 박병철 옮김 | 2015 | 김영사
- **생각하는 뇌, 생각하는 기계**

  제프 호킨스·샌드라 블레이크슬리 지음, 이한음 옮김 | 2010 | 멘토르
- **카이스트, 바이오헬스의 미래를 말하다**

  채수찬 지음 | 2020 | 율곡출판사

뇌 우주 탐험
뇌 과학이 처음인 당신에게
©노성열 2021

지은이 노성열

처음 펴낸날
2021년 5월 31일

펴낸이 주일우
펴낸곳 이음
출판등록 제2005-000137호 (2005년 6월 27일)
주소 서울시 마포구 월드컵북로1길 52 운복빌딩 3층
전화 02-3141-6126 | **팩스** 02-6455-4207
전자우편 editor@eumbooks.com
홈페이지 http://www.eumbooks.com

편집 김소원
아트디렉션 박연주 | **디자인** 권소연
홍보 김예지 | **지원** 추성욱
인쇄 테라북스

인스타그램
@eum_books

ISBN 979-11-90944-18-2 03470

값 18,000원